植物の健康効果を
生活に取り入れる

みどりの処方箋
ヒーリング時代の緑の使い方

岩崎　寛［著］

グリーン情報

はじめに

現代は「ストレス社会」と言われています。ストレスが蓄積されると、心や体に不調が生じます。そのため、厚生労働省は２０１５年にストレスチェックの義務化を発表し、一定規模のオフィスではストレスチェックが実施されるようになりました。しかしその後の調査では、ストレスチェックでストレスが高いと判断された場合は、産業医に紹介するといった対策がほとんどであり、それ以外の対策や予防まで実施できている企業は半数にも満たないことがわかりました。

また、日本は超高齢化社会でもあります。厚生労働省が２０１５年に発表した保険医療２０３５の中で、従来の考え方を大きく変えるパラダイムシフトが提案されており、これからは「病院での治療」から「地域におけるケア」が重要であると書かれています。これまでの地域におけるケアは、地域の保健師を中心に実施されていましたが、高齢者人口が増加している現在、地域の保健師だけでは十分なケアが提供できない状況です。

そこで、緑（植物）の出番なのです。これまでの研究成果から、緑による心や体への健康効果、さらには人と繋がる社会的健康効果などが明らかになっています。これらの研究成果は、「ストレス緩和」や「地域ケア」などの社会問題に対し、有効であると考えられます。また、これら緑による健康効果は社会的課題の解決だけではなく、個人が健康で快適に生活する上でも有効です。

しかし、これらの研究成果は、専門の学会で発表されたり、論文として公開されたりするに留まっており、研究者以外の一般の方々が、それらの情報を知る機会はほとんどありませんでした。

本書は、緑の健康効果に関するさまざまな研究成果を、多くの方に知っていただけるよう、専門用語の羅列ではなく、わかりやすい言葉で書きました。

第1章「緑の健康効果」では、植物による健康効果の基本的なメカニズムについて、実験結果を用いて解説しています。

第2章「花の健康効果」では、植物の中でも花に特化して、お見舞いの花束から、公園の花壇まで幅広い内容を集めました。

第3章「園芸活動による健康効果」では、園芸療法など、実際に植物を使ったプログラムの効果ついて、事例を基に解説します。

第4章「植物の健康効果を活用した地域ケア」では、社会的健康の視点から、植物の健康効果を地域ケアに取り入れるアイデアについて、詳細に取り上げています。

本書が、ご自身やご家族、さらには地域の人々を健康に導く「みどりの処方箋」になることを願っています。

みどりの処方箋
—ヒーリング時代の緑の使い方—

目次

第2章 花の健康効果

第1章

緑の健康効果

- 緑による癒しとは？
- 植物の効果を活かした植栽計画
- 居住空間に植物の効果を取り入れる
- オフィス空間における植物の設置効果
- 芝生の健康効果を活かした利用
- ドイツにおける自然環境を活用した「気候療法」

01 緑による癒しとは？

ストレス社会における緑の必要性

現代は、デジタル社会によるストレスの増大や、生活習慣や食生活の乱れ等により、通常の生活の中で「健康」を維持することが困難になっています。このような背景から、厚生労働省は特定健康診断と特定保険指導の義務化を発表し、２００８年４月から実施しています。これは生活習慣病等を事前に予防するための政策であり、「治療」から「予防」へという大きな変換点となりました。

しかし実際の対策は、いわゆるメタボチェックに基づいて栄養指導を行うケースがほとんどであり、精神的なストレス等のメンタル面への対策は十分に進められていませんでした。その結果、メンタルヘルス不調者の割合が年々増加し、厚生労働省は２０１５年12月に「職場におけるストレスチェック」の義務化を発表しました。しかし、職場以外の普段の生活の中では、我々自身でストレス対策をしなければなりません。

そこで有効であると考えられるのが、緑（植物）を用いたセラピーです。園芸療法や森林セラピー、アロマセラピーなど、植物と関わることによる心身の健康効果が医科学的に証明され始めたことから、緑による健康維持やストレス緩和への期待が高まっています。

本章では、緑が持つセラピー効果と、緑を生活の中に取り入れる工夫を見てみましょう。

緑で健康になるメカニズム

山を散策したり、公園で休憩したりして、植物や自然と関わることで、何となく「心地よい」「落ち着いた」「元気になった」など、心身への効果を感じた経験は多くの人が持っているのではないでしょうか。しかし、なぜそう感じるのか、そのメカニズムまでは知らない人が多いかと思います。緑のセラピー効果のお話をする前に、このメカニズムについて見てみましょう。

人はさまざまな環境の変化に対応し、体内の状態を一定に保って生存を維持しており、この性質を恒常性（ホメオスタシス）と呼びます。この恒常性は「神経系」「免疫系」「内分泌系」の3つの系の相互のバランスにより維持されています。このバランスが崩れると体に支障が生じるようになるのです。バランスを崩すきっかけはさまざまあるのですが、

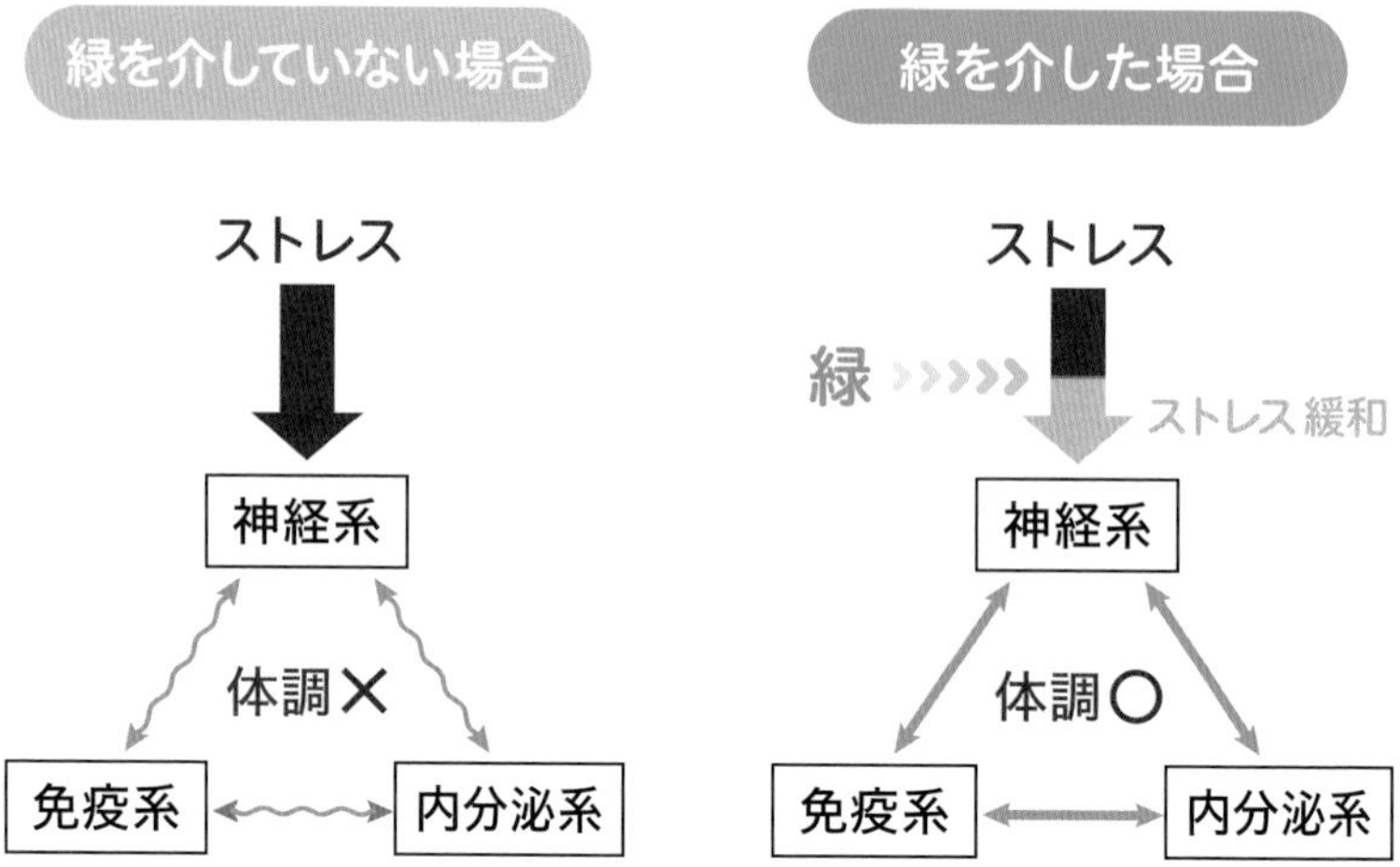

図1　緑によるストレス緩和と人間の恒常性の関係

最近多いのが「ストレス」をきっかけにした体調不良です。人にストレスがかかると、「神経系」に刺激が与えられます。この神経系とは自律神経（交感神経・副交感神経）のことで、その影響が脈拍や血圧などにも反映されます。自律神経への刺激が内分泌系に伝わるとストレスホルモンを分泌し、免疫系に伝われば、ウイルス等に対する抵抗力が低下します。このような相互作用により、大きなストレスを受ける、またはストレスを受け続けると、人は体調を壊してしまうのです（図1）。

　このように実際に体を壊してしまった際は、病院で診察を受け、治療をすることで直接各系を修復しなければなりません。では、このメカニズムの中で、緑（植物）はどのように作用するのでしょうか。植物と関わることは、「神経系」「免疫系」「内分泌系」に対して直接的に作用するのではなく、体調不良のきっかけである「ストレス」を緑と関わることによって軽減・緩和することなのです。つまり、緑は間接的に各系に作用し、体調を元の良い状態に戻す作用があるのです。よって、「植物と関わることで健康になる」という意味は、「病気を治す」ことではなく、「体調を元の良い状態に戻す」ことと言えます。森林療法や園芸療法、芳香療法など、「療法」という名前がつくと一般的なイメージとしては病気を治す「治療」と誤解されることが多いのですが、正確には間接的に健康をサポートする手法を指しているのです。

体調を元に戻す効果

植物と関わることによる「体調を元の良い状態に戻す」効果について、具体的な実験例を紹介しましょう。

都市公園にある芝生地とラベンダー畑の中に椅子を設置し、そこに5分間座って休憩をしてもらいました**（写真1）**。休憩する前と後で血圧やストレスホルモン等を測定し、植物のある空間で休憩する効果について調べました。その結果、もともと血圧の高い高

写真1　芝生地およびラベンダー畑での実験の様子

表1　芝生地およびラベンダー畑における血圧と脈拍の変化

	芝生地			ラベンダー畑		
	高血圧G	正常値G	低血圧G	高血圧G	正常値G	低血圧G
被験者数	4	6	4	4	6	4
最高血圧(mmHg)の変化	−15.0	±0.0	+4.0	−30.0	−3.0	+5.0
最低血圧(mmHg)の変化	−1.0	+0.5	+0.8	−11.0	−1.0	+1.5
脈拍(拍／分)の変化	−7.0	−2.0	+2.0	−10.0	+2.0	+6.0

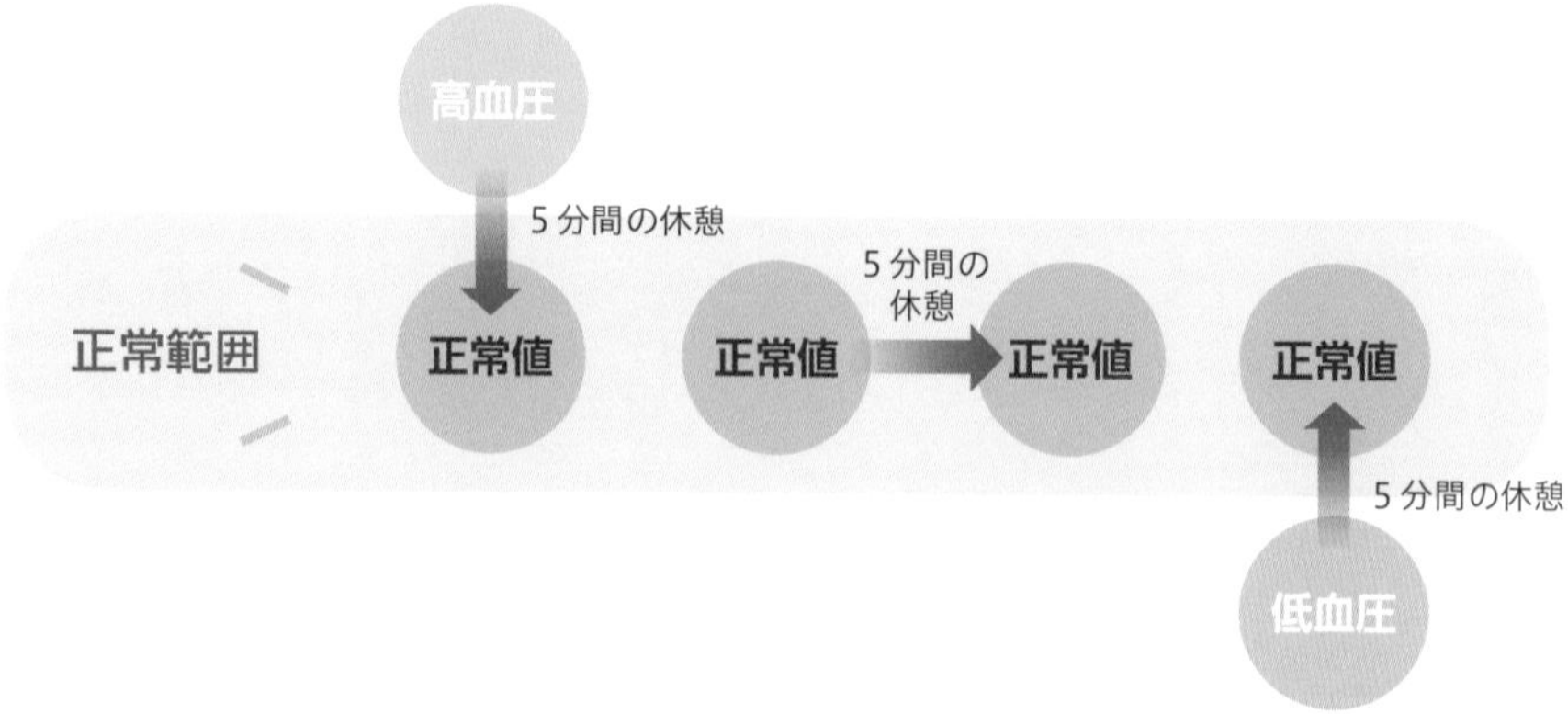

血圧グループの人は、芝生地やラベンダー畑での休憩によって血圧が低下して正常値範囲内になり、逆に低血圧グループの人は血圧が上昇して正常値の範囲内になりました（表1）。そして正常値のグループの人は、そのまま変わらず正常値の範囲内でした。このように、もとの血圧の状態にかかわらず、芝生やラベンダー畑で5分間休憩するだけで、血圧が正常値の範囲に近づくことが明らかになりました。これがまさに植物と関わることによる「体調を元の良い状態に戻す」効果なのです。

もし、植物と関わることが「血圧を下げる効果だけ」であれば、高血圧の人には良い効果ですが、低血圧の人にとっては逆効果になってしまいますよね。しかし、植物はそうではなく、いずれの場合も「体調が良くなる方に作用する」ので、どのようなタイプの人にも有効な万能薬なのです。

これってすごいことですよね。血圧が高い人にも低い人にも、どちらにも効く薬なんて薬局には売っていませんが、植物のある空間で、ほんの5分休憩するだけで、効果が見られるのです。ストレスホルモンの結果も同様で、植物と関わることで、正常値に近づける働きが見られました。

こんな万能薬である「緑（植物）」を使わないのはもったいないと思いませんか？

「庭づくり」で「健康づくり」

植物と関わることが健康に有効であることが少しは理解していただけたかと思います。我々が身近に、しかも日常的に植物と関われる場の一つとして、住宅の庭があります。これまでも趣味で庭づくりをしていた方は多いと思いますが、実は健康づくりにも効果があったのです。庭を眺めるだけでも効果はありますが、ぜひ、庭に出て、五感で植物を感じてみてください。先ほどの実験結果からわかるように、ほんの5分間の休憩でも効果があるので、長い時間でなくても構いません。多くの健康法と同様に、短時間でも良いので、長く継続して関わることが重要です。しかし、多くの健康法は、この長く継続することが一番難しく、普通は飽きてしまい続きません。その点、植物は生き物なので、芽が出たり、花が咲いたり、実ができたりと、日々変化します。この変化が重要で、植物と関わる楽しみとなり、継続意欲に結びつくのです。

02 植物の効果を活かした植栽計画

心理的効果の重要性

植物と関わることは、人の生理的な健康指標（恒常性）に対して有効であるとわかりました。

例えば、人への健康効果という観点から庭に植栽する植物を考える時、この生理的効果だけを参考に計画を立てて良いのでしょうか。我々が庭や植物と関わった際に、まず感じるのは、「血圧が改善されたなぁ」や「ストレスホルモンが下がったなぁ」といった『生理的』な感覚ではなく、「落ち着くなぁ」や「虫が居そうで嫌だなぁ」といった『心理的』な感覚ではないでしょうか。このように、生理的な感覚だけで庭を計画しても、印象が悪いと、興味を持たない、利用されない庭になってしまいます。そうなると庭と関わる機会が減り、結果的に植物の生理的な効果も得られなくなってしまいます。よって、植物の持つ健康効果を活かした庭を計画する際には、植物の持つ生理的効果だけではなく、心理的効果も把握して計画することが重要です。

芝生地とラベンダー畑の印象の違い

芝生地とラベンダー畑の実験を行った際に、生理的な測定と同時に心理的効果の測定としてＳＤ法(Semantic differential法)とよばれる印象評価の測定も行っていました。ＳＤ法とは**図1**のように左右に相反する形容詞対を並べ、対象物に対して感じた印象を5段階や7段階で評価してもらう、心理学分野では一般的な手法です。図では左側にポジティブな印象の形容詞を、右側にネガティブな印象の形容詞を並べ、芝生地とラベンダー畑で休憩した際の印象について比較しました。その結果、どちらも全体的に中央値より左側に寄っていることから、どちらで休憩してもおおむねポジティブな良い印象を持ったことがわかります。次に、ラベンダー畑と芝生地との印象の違いを形容詞対ごとに見てみると、「面白い・興味深い-退屈である」「刺激的な-刺激のない」「繊細な-粗野な」「綺麗な-汚い」の4つの形容詞対で統計的に有意な差がみられ、異なる印象を持つことがわかりました。わかりやすく表現すると、芝生地は「大人しく、落ち着いた」印象を持ち、ラベンダー畑は「綺麗で、刺激的な」印象を持つという結果でした。

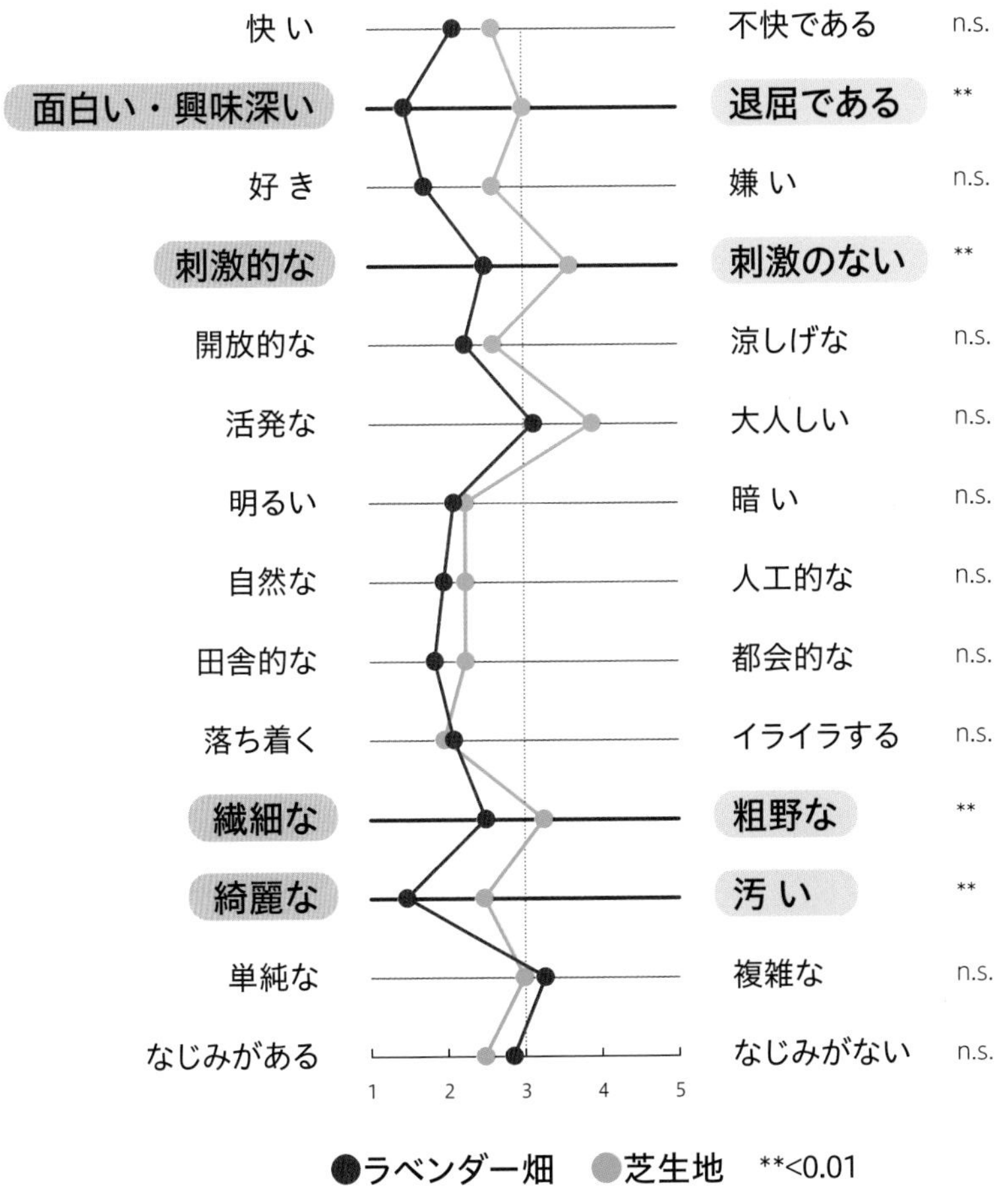

図1 ラベンダー畑と芝生地の印象の違い（SD法による印象評価）

この結果と前回の生理的効果の結果を合わせて考えると、生理的効果は芝生地もラベンダー畑も同じ効果（体調を正常値に近づける働き）がありますが、心理的効果は芝生地とラベンダー畑では異なる印象を持つことがわかりました。

植物の効果を活かした植栽計画

この結果を植栽計画に活かすにはどうすれば良いでしょうか。例えば、「休む空間」の植栽計画を考えるとします。

一口に「休む」といっても、シーンごとに求める要素は異なると考えられます。例えば、休日にゆったりと休むような、いわゆる『休息』といった空間（例えば、郊外の公園など）に植栽する場合は、先の結果から、「大人しい・落ち着いた」要素を持つ「芝生」の方が、場の求める要素に合うと考えられます。一方、仕事の合間の短時間で休憩してリフレッシュするような、いわゆる『気分転換』といった空間（例えば、オフィス街のポケットパークなど）に植栽する場合は、「興味深い・刺激的な」要素を持つ「ラベンダー」が、場の求める要素に合うと言えるでしょう（**図2**）。このように、植物の持つ効果と、場の求める要素を上手く組み合わせることで、植物の効果を活かした植栽計画ができる

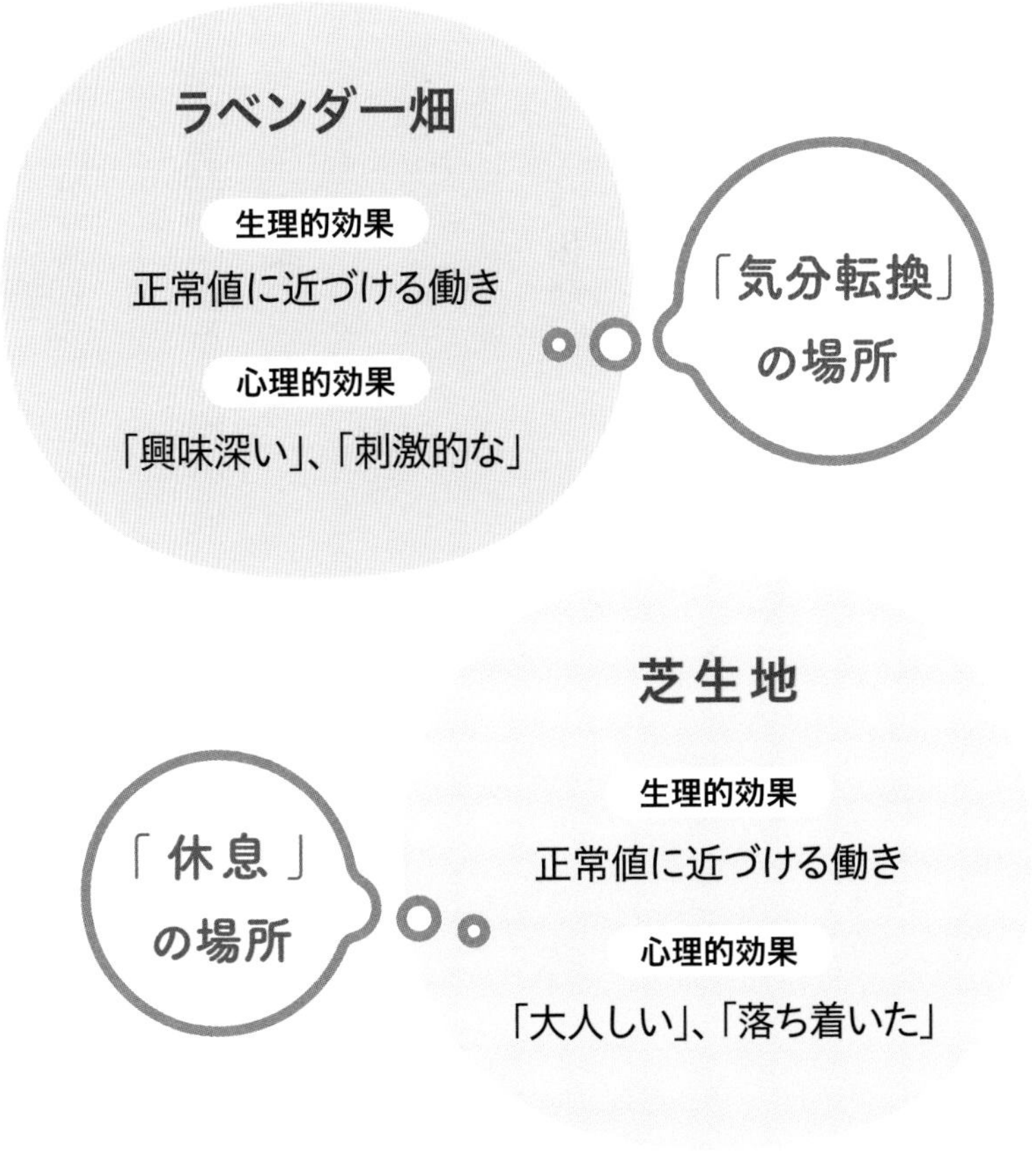

このように、利用者側の心理や生理的な効果を検証した上で、
緑地の植栽計画を考えることが重要である。

図2　芝生地とラベンダー畑の特徴を生かした植栽計画

と考えられます。こうした発想で計画された庭を利用すると、「求めている要素」と「体感する印象や効果」が合うことから、庭に対する利用者の評価も高くなるでしょう。

花の種類による印象の違い

このように植物の効果を活かした植栽計画を立てるには、植物の心理的効果に関する情報がたくさん必要です。

私が以前に実施した、ヒマワリとナノハナ、コスモスの3種類の花の印象評価について紹介しましょう。この3種類を比較した結果、3種類とも「明るい」という印象を持つことは同じでした。ヒマワリは、それに加え「力強い」「元気な」といった生命力を感じる印象を持ち、ナノハナとコスモスは「美しい」という美的な印象を持つことがわかりました。このように同じ「黄色」の花であるヒマワリとナノハナでも異なる印象を持つこと、また同じキク科であり、花の形が似ているヒマワリとコスモスでも異なる印象を持つことがわかりました。これらの情報を活かして、利用者が求める要素に合わせた植栽計画を立てられれば、庭のデザインの説得力が強くなります。

しかし、このような植物の印象評価実験はまだまだ少なく、植物の心理的効果に関す

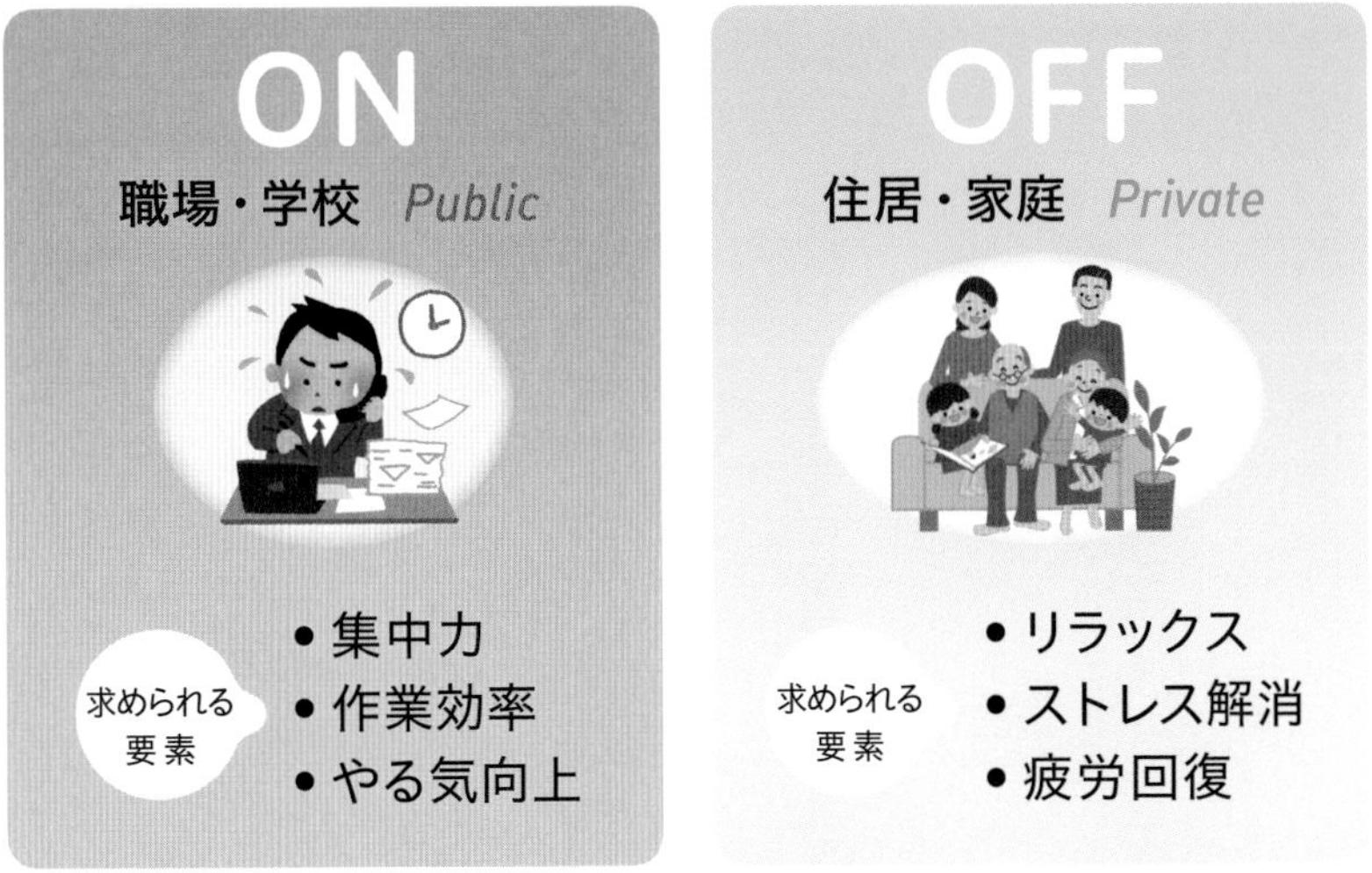

図3 「ON」と「OFF」における緑に求められる要素

る情報が少ないのが現状です。今後、このような人の健康に配慮した植栽計画に対するニーズが高まることで、より多くの検証が行われるようになるでしょう。

生活の中のONとOFF ——場の求める要素に合わせた植栽計画の必要性

緑と関わる効果といえば、多くの方が「癒し」「リラックス」といったイメージを持っているかと思います。しかし、人は生活の中で、どのシーンでも「癒し」の効果を求めているのでしょうか。

我々の生活は、大きくＯＮとＯＦＦの２つに分けられるかと思います(図３)。例えばＯＮに当てはまる職場や学校のようなシーンでは「癒し」よりも「集中力」や「作業効率」「やる気」などの要素が求められることが多いと思われます。一方、ＯＦＦに当てはまる自宅などのシーンではＯＮ(職場や学校など)で積み重なったストレスや疲労を解消する空間であることから、「リラックス」や「ストレス解消」「疲労回復」などの要素が求められるかと思います。そう考えると、オフィス緑化の緑と住宅の庭の緑が同じなんておかしいですよね。

このように植物の効果を活かした植栽計画を考えることは、現代のストレス社会において、とても重要な視点だということがわかるかと思います。そして、このように場に求められる要素に合わせ、植物の効果を活かした植栽を計画することが、まさに「癒しの時代における緑の使い方」なのです。

03 居住空間に植物の効果を取り入れる

OFFである居住空間に求められる要素

住居や家庭などのOFFの空間において、植物の効果を上手に取り入れるにはどうすれば良いのでしょうか。これまでの研究結果から、OFFである居住空間を取り上げ、居住空間の中に上手に植物の効果を取り入れるポイントを紹介します。

屋内の植物、どこに置いていますか？

まずは屋内における植物の設置場所から話しましょう。屋内に植物を設置する効果は、空気清浄効果などが知られていますが、実はストレスを緩和させる効果もあるのです。しかし、その効果を十分に得るためには大事なポイントがあります。それは、「部屋のどこに置くか」ということです。植物を部屋のどこに置くと、ストレス緩和効果を得られるのでしょうか。実験の結果から解説します。

　同じ室内において、鉢植えの観葉植物が「視界に入る」グループと、観葉植物が「視界に入らない」グループに分け、ストレス負荷後のストレスホルモンの変化を比較しました（**写真1**）。具体的には、ストレス負荷として10分間の計算作業（クレペリンテスト）をしてもらい、その前後で唾液を採取して、ストレスホルモンである唾液中コルチゾールを測定しました。唾液中コルチゾールは、ストレスがかかると急激に分泌量が増えることから、ストレスの指標として用いられているものです。

　その結果を**図1**に示しました。図は唾液中コルチゾールの濃度が高いほど、ストレス負荷が高いということを意味します。観葉植物が「視界に入る」グループは、ストレス負荷直後のコルチゾール増加率が約75％であるのに対し、観葉植物が「視界に入らない」グループは約２３０％と高い値を示しました。つまり、植物が視界に入ることで、ストレスが緩和されていることがわかりました。この傾向は、ストレス負荷後20分経過しても変わらず、観葉植物が視界に入っていない場合、一時的なストレスの負荷であっても、その影響は20分以上続くのですが、観葉植物が視界に入っている場合、ストレス軽減効果が持続することがわかりました。植物の設置場所が違うだけで、こんなにもストレス

写真１　実験の様子

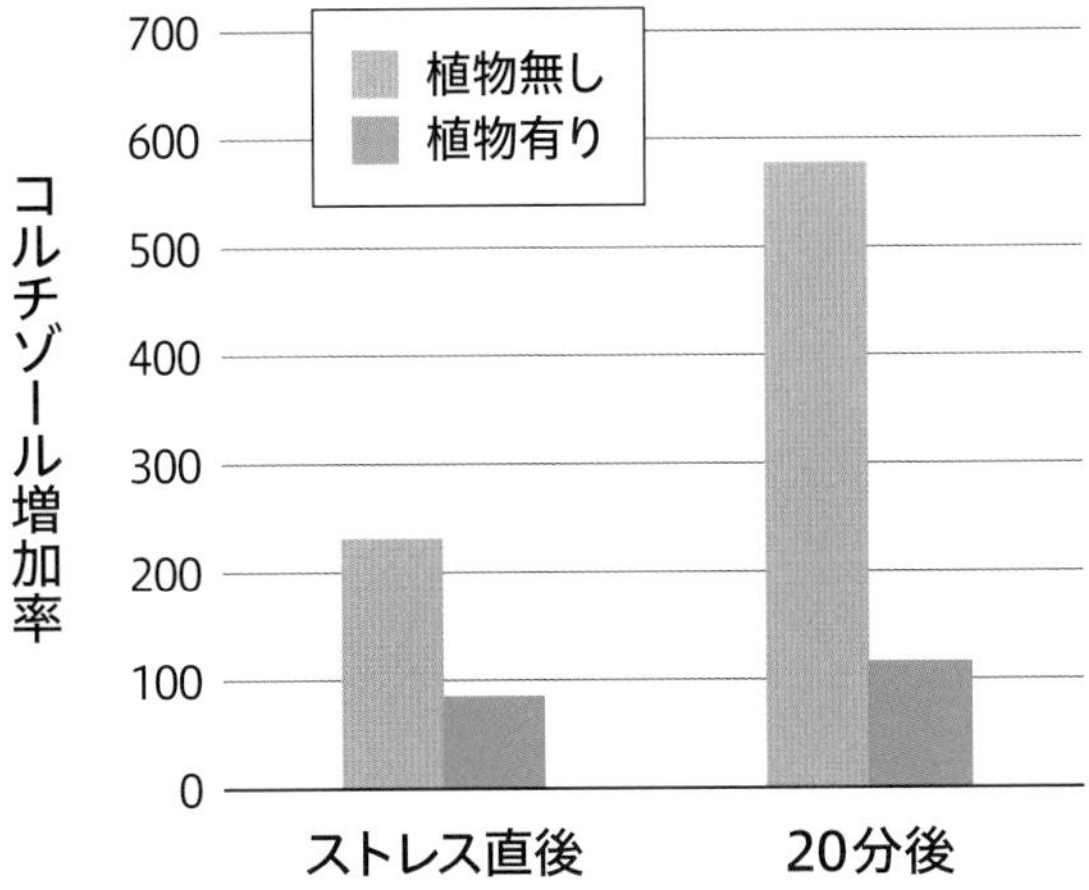

図１　観葉植物の有無による
ストレス負荷前後の唾液中コルチゾール増加率（n=10）

緩和効果が違うのです。

屋内に観葉植物を設置する際、邪魔にならないようにと視界に入らない部屋の隅に置いたり、ソファの後ろに置いたりしている家庭も多いかと思います。しかし、この実験結果を考えれば、視界に入る位置に植物を設置していないと、植物のストレス緩和効果を十分に得られていないことになり「もったいない」のです。これは観葉植物に限らず、花瓶に挿した切り花なども同様です。せっかく屋内に植物を設置するのであれば、その効果を十分に得るために、視界に入る位置に置いてみませんか？

家庭におけるハーブ栽培のススメ

次は屋外に目を向けてみましょう。庭やベランダなどの屋外には、どのような植物を植えるのが良いでしょうか。たくさんの花で囲まれた美しい庭も良いのですが、植物の持つ健康効果を上手く取り入れるのであれば、簡単に使えるハーブがおすすめです。では、なぜハーブが適しているのか、実験結果を紹介しましょう。

東京郊外の住宅地において、自宅で栽培している植物に関するアンケート調査を行い、43名から回答を得ました。その結果、92％と多くの家庭で植物を栽培していることがわ

ハーブ以外は回答が偏っているが、ハーブは幅広い回答が見られた

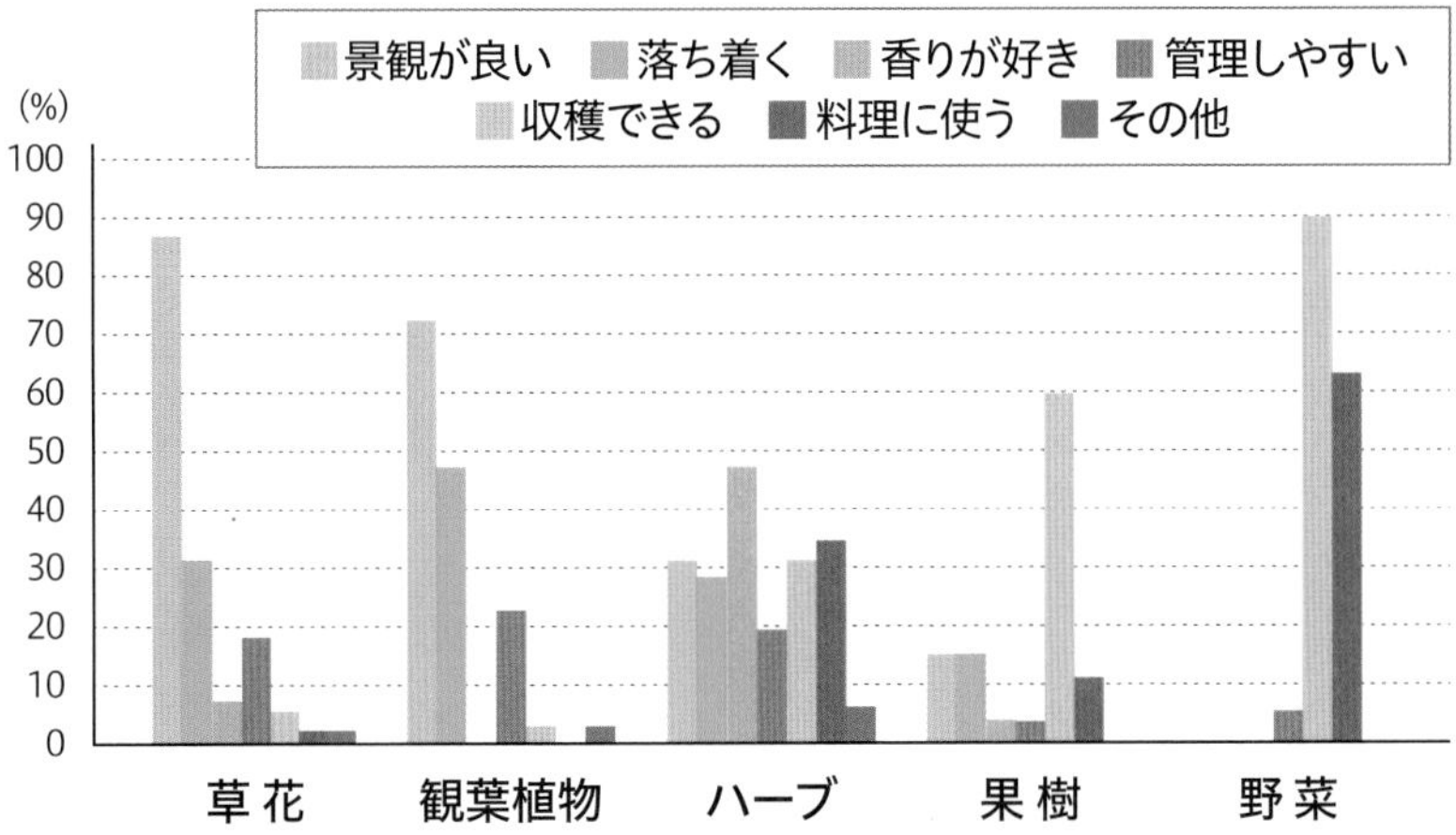

図2 自宅で各植物を育てている理由（複数回答）(n=53)

かりました。栽培している植物種を聞いたところ、草花が最も多く85%、次いで観葉植物68%、ハーブ60%、果樹40%、野菜36%という順番でした。さらに、それぞれの植物を育てている理由について聞いた結果(図2)、草花や観葉植物では「景観がよい」という理由が飛び抜けており、果樹や野菜では「収穫できる」という理由が飛び抜けて多いことがわかりました。一方ハーブは理由が偏らず、幅広い理由で栽培されていることがわかりました。

住宅の場合、子どもからお年寄りまで幅広い年代が生活を共にする可能性があることから、庭に求める植物や、その利用法も幅広くなることが予想されます。また、植物に対する嗜好性には性差があることなどが報告されており、夫婦で意見が異なる場合も考えられます。そこでおすすめしたいのが、ハーブです。ハーブは香りを楽しみたい人、ゆっくり眺めてリラックスしたい人、料理に利用したい人、植えて楽しみたい人など、幅広く対応できることから、家庭で栽培する種類としてうってつけなのです。また、ハーブは園芸材料としては育てやすく、管理も簡単なので、栽培が得意でない人でも気軽に始められることも理由の一つです。

ハーブを食べる効果!?

このように幅広い利用が期待できるハーブですが、ハーブを利用すると、どのような健康効果があるのでしょうか。先ほどのアンケート調査を行った住宅地で、「ハーブを植える」プログラムと「ハーブを食べる」プログラムの2つを実施し、その心理的効果について調べました。

「ハーブを植える」プログラムでは、ポットに数種類のハーブを寄せ植えしました。「ハーブを食べる」プログラムでは、ハーブオイル作りや、ハーブソルト、ハーブバターの

全ての感情において、実施後に良い影響が見られた

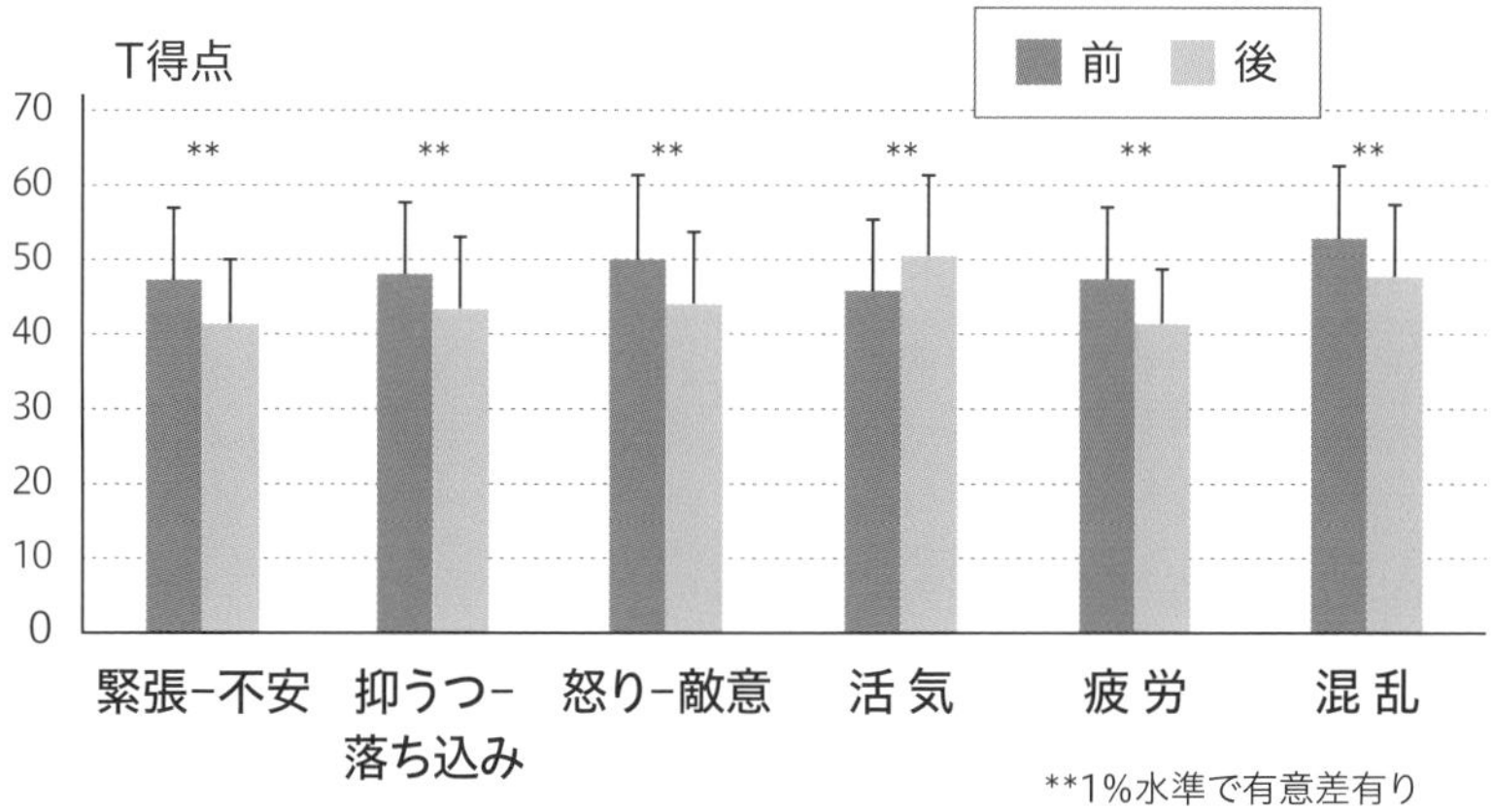

図3 ハーブを植えるプログラムの実施前後における感情の変化(n=51)

試食などを行いました。これらハーブを利用したプログラムの心理的効果を調べるために、POMS(Profile of Mood States)という感情状態を測る心理テストを実施しました。

「ハーブを植える」プログラムの結果を見ると、プログラム実施後に正の感情である「活気」は増加し、負の感情である「緊張-不安」「抑うつ-落ち込み」「怒り-敵意」「疲労」「混乱」は減少していました(図3)。つまり、全ての感情項目が改善されていたのです。この結果は「ハーブを食べる」プログラムでもほぼ同様の結果(「抑うつ-落ち込み」のみ有意な減少がみられなかった)でした。

これらの結果から、「ハーブを植える」

という一般的な園芸作業だけでなく、「ハーブを食べる」といった五感で楽しむ利用においても、感情状態を改善する心理的効果があることがわかりました。

園芸作業に関心がない人でも、食べることに関心がある人は多いと思います。ＯＦＦの空間である自宅の庭では、家族がそれぞれ興味を持って楽しみながら利用することが、心身のリラックスに結びつくのです。

「見る庭」から「使う庭」へ。身近な居住空間で、植物と積極的に関わることで、健康的な生活を送ってみませんか。

04 オフィス空間における植物の設置効果

オフィス空間に求められる要素

居住空間では、職場でのストレスの解消や、落ち着いてゆったり過ごせることなどが求められていましたが、オフィス空間に求められる緑の要素は何でしょうか。オフィス空間においてもストレスを解消する効果が期待されますが、それだけではなく、仕事への「集中力」や「意欲」、「作業のはかどり」といったオフィスならではの要素も期待されるのではないでしょうか。そこで私の研究室では、ストレス緩和効果だけではなく、仕事に関する要素まで包括的に調査を行ってきました。ここでは、これまでの研究結果を基に、オフィス空間における植物の設置効果について解説します。

設置方法による心理的効果の違い

皆さんの職場には植物が設置してありますか？　我々が実施したアンケート調査の結果では、植物を設置している会社は多く、設置形態としては会社のエントランス部分に来客用としての観葉植物が設置されているケースや、オフィスの隅に邪魔にならないように観葉植物が設置されているケースが多く見られました。第1章カルテ03にも書きましたが、植物による効果を十分に得るためには、視界に入る位置に設置することが重要です。折角オフィスに植物があっても、視界に入らない部屋の隅に置いてしまうと、視覚的効果が得られません。

それでは仕事の邪魔にならず、視界に入る位置に植物を置くにはどうすれば良いでしょうか。私は2つの設置タイプを考え、実際のオフィスで実験を行いました。オフィスでよく見かける島型に机が配置してある所に、植物が視界に入るように「島に1つ設置」するタイプと、「個別に1つ設置」するタイプを設定し、設置1カ月後に、設置タイプによる効果の違いを調べました（**図1**）。

評価方法としては、POMS短縮版を用い、「緊張-不安」「抑うつ-落ち込み」「怒り-敵意」「活気」「疲労」「混乱」の6つの感情について調べました。その結果、植物を「個

島に1つ設置タイプ

島型に配置されたデスクの中央に高さ50㎝程度の植物を設置。管理はリース会社が行う

〈実際の設置風景〉

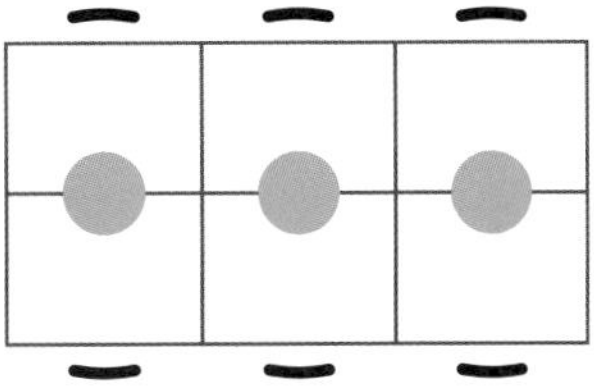

個別に1つ設置タイプ

対象者それぞれのデスクの上に高さ20㎝程度の植物を設置。管理は個人で行う

〈実際の設置風景〉

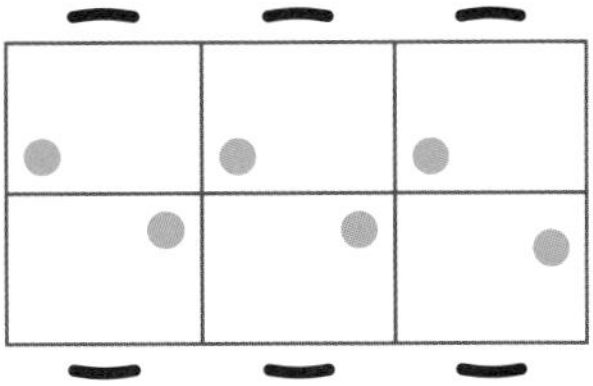

図1　設置タイプによる効果の違い

別に１つ設置」した方が、「島に１つ設置」した場合に比べて「疲労」が軽減する傾向が見られました。今回、「個別に１つ設置」する際は自分の好きな植物を選び、パソコンのディスプレー横など、仕事の邪魔にならない場所に置いてもらいました。実験後のアンケート結果を見ると、個別に１つ設置した場合は、設置した植物への愛着が生まれたという意見がたくさん見られました。

植物を扱う上で大きな問題となるのが管理の問題です。しかし、この管理の問題も植物に愛着がわくことで、面倒な作業から楽しい作業へと変わる可能性があります。一方、「島に１つ設置」の場合、共用空間に設置することから自分の所有物という意識が低くなり、植物への愛着が持てず、植物の状態（成長や枯れなど）にも関心を示さない傾向が見られました。

このように、植物の設置方法により、得られる心理的効果が変わることがわかりました。

植物の設置がオフィス空間に求められる要素に与える影響

次に、５業種の勤務者１７６名に対し、主観評価であるＶＡＳ（Visual Analogue Scale）を用い、植物の個別設置がオフィスならではの要素である「仕事への集中力」「仕事への意欲」「仕事のはかどり」「職場での会話」「職場環境への満足度」の５つの要素に与える効果について調べました。

その結果、植物の設置前後で比較すると、５つの要素すべてにおいて有意に高くなっており、植物の個別設置が勤務者の仕事に対する感情を改善することがわかりました**（図2）**。また、ＰＯＭＳにおいては「緊張‐不安」「抑うつ‐落ち込み」「怒り‐敵意」「活気」「疲労」「混乱」の６つの感情のうち、ポジティブな感情である「活気」以外の５つのネガティブな感情が全て有意に減少していました**（図3）**。

これらの結果から、オフィスにおいて植物を個別設置することにより、「仕事への集中力」「仕事のはかどり」などオフィス空間に求められる要素と、「怒り‐敵意」「抑うつ‐落ち込み」などのネガティブな感情が改善されることがわかりました。

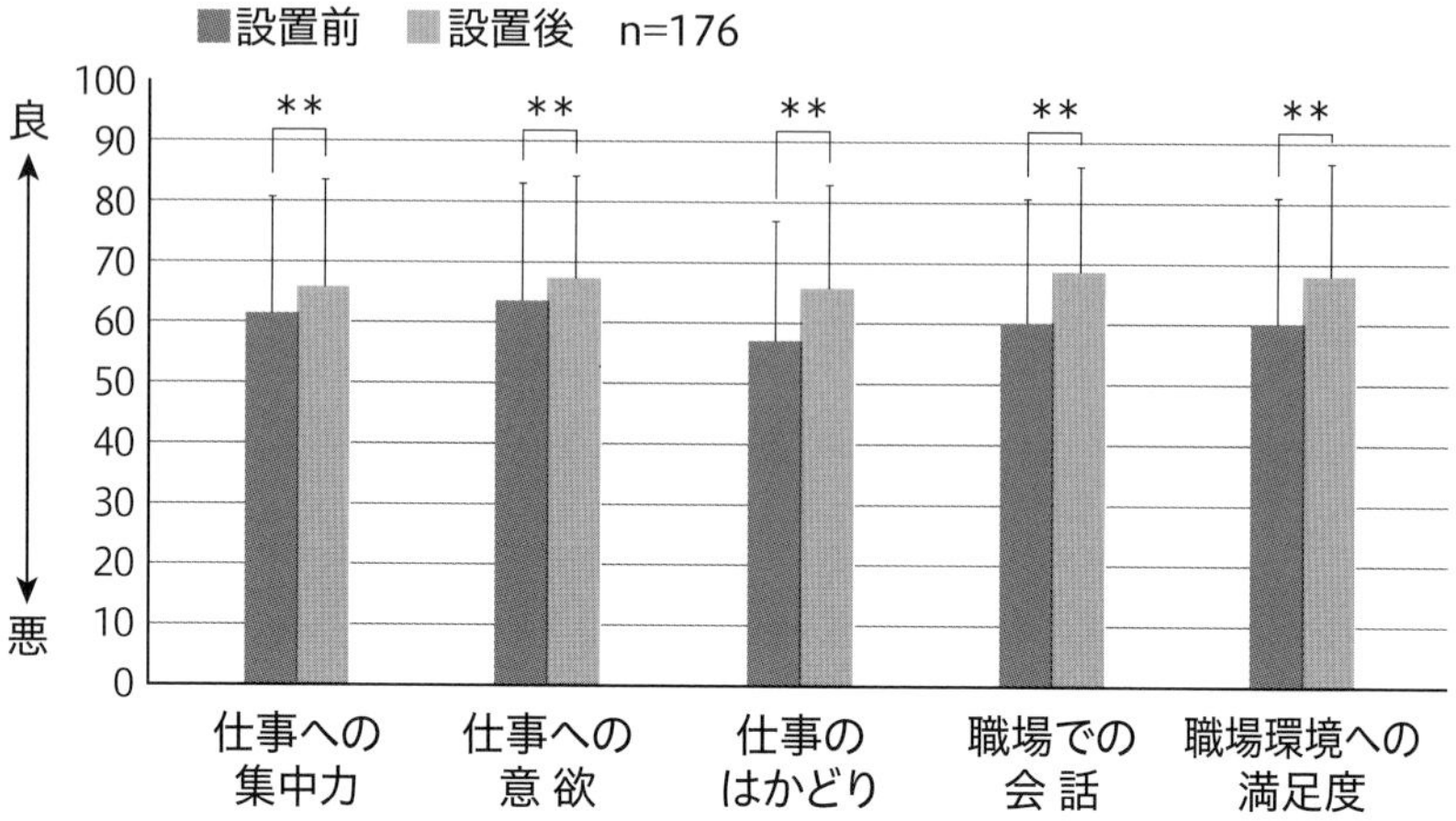

ウィルコクソンの符号順位和検定
** 1%有意　* 5%有意

図2　植物設置前後のVAS値

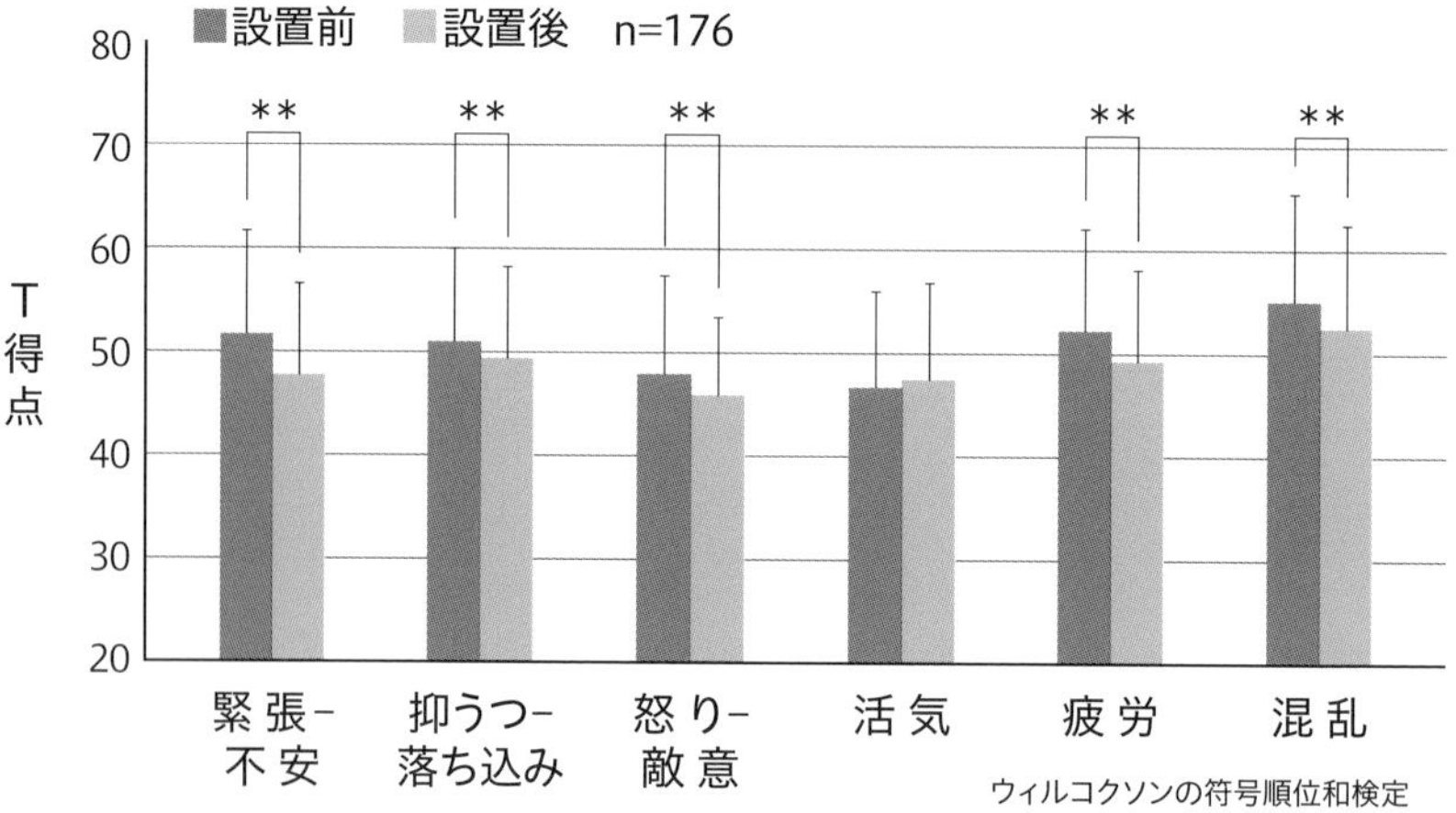

ウィルコクソンの符号順位和検定
** 1%有意　* 5%有意

図3　植物設置前後のPOMS　T得点値

あなたの仕事や職場はどのタイプ？業種や職種による植物設置効果の違い

「オフィス」と一口にいっても、ＩＴ系や金融系、食品系などさまざまな業種があり、それぞれのオフィスの雰囲気や業務形態も異なるはずです。雰囲気や業務形態による違いを把握するために、５業種（ＩＴ系、メーカー、金融系、保険調剤系、不動産関係）の勤務者を対象に、業種と職種による植物設置効果の違いについて検証を行いました。その結果、ＩＴ系企業などでは、ＰＯＭＳにおける全ての感情で改善効果が見られましたが、証券会社などの金融系では、植物設置による心理的効果の改善があまり見られませんでした。これは、金融系は常に緊張感の高い職場であり、植物の個別設置だけでは職場の雰囲気や心理的効果の改善に結びつかなかったのではないかと考えられます。

また、職種で見ると、営業職など、外に出る機会が多い職種は、事務職などの内勤の職種に比べ、個人の机に滞在する時間が短いことから、個別設置した植物への愛着が持ちにくく、心理的な効果が得られにくいことなどがわかりました。

これらの結果から、オフィスにおける効果的な緑化を検討するには、業種や職種の特性も考慮した上で、提案することが重要であると言えます。

オフィスに植物を置く意味

「そこまでしてオフィスに植物を設置する必要があるの？」と思っている方もおられるかもしれません。

近年、オフィスにおける大きな問題として、うつ病などの「こころの病気」が報告されています。平成26年に発表された厚生労働省の患者調査によると、うつ病などの気分障害で医療機関を受診している総患者数は１１１万６千人。調査開始時の平成８年に比べると２・６倍の数値であり、糖尿病（１・５倍）や高血圧性疾患（１・４倍）など、他の疾患の増加率と比べて顕著に増加しています。さらに年代別で見ると、いわゆる勤労世代、特に職場の中核となる40代、50代にメンタルヘルス障害発症者が多いことがわかっています。そのような現状にも関わらず、「メンタルヘルスケアに取り組んでいる事業所」の割合は平成28年の労働安全衛生調査では56・６％と、平成27年の調査より３・１％減少しており、職場におけるメンタルヘルスケア対策が十分に進んでいるとは言い難い状

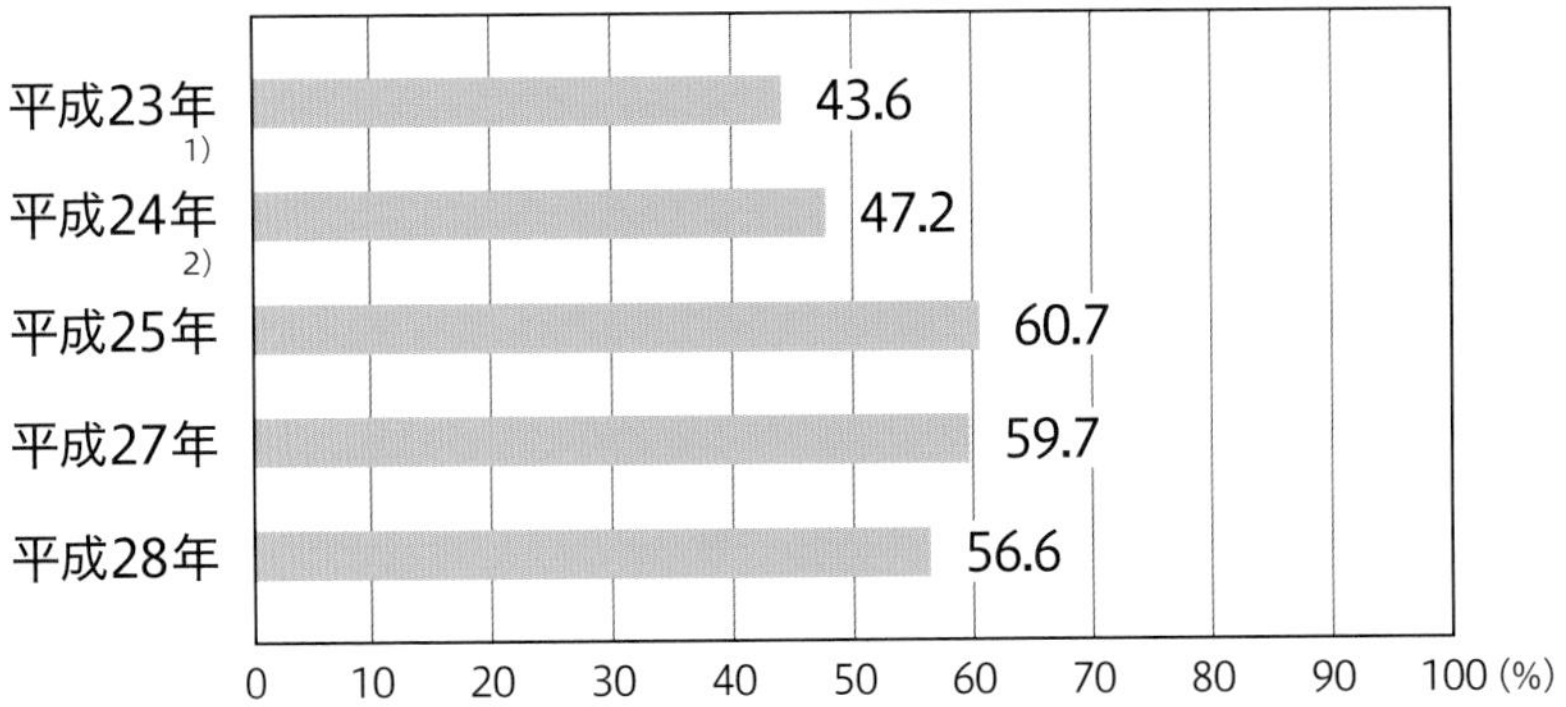

注：1) 平成23年は労働災害防止対策等重点調査の結果による。
2) 平成24年は労働者健康状況調査の結果による。

図4　メンタルヘルス対策に取り組んでいる事業所割合の推移（事業所計 ＝ 100％）

況です（図4）。そこで、注目したいのが「オフィスへの植物設置」なのです。

既往研究から「植物と関わること」はメンタルケアに有効であると報告されており、「オフィスに植物を設置する」ことで今回の実験結果のようにオフィスに必要な心理的要素を改善できます。

今後オフィス緑化は、これまでのアメニティとしての役割だけでなく、メンタルヘルスケアの一環としても注目されるでしょう。

05

芝生の健康効果を活かした利用

芝生ならではの利用

近年、都市域の再開発では、多くの人がくつろげる緑地の整備が増えています。例えば、２０１７年４月にオープンしたＧＩＮＺＡ ＳＩＸは銀座の中心部に位置する巨大な商業施設ですが、その屋上部分には約４０００㎡の屋上庭園が整備されています。同じ銀座地区では、銀座三越や歌舞伎座などの屋上にも屋上庭園があり多くの人が利用しています。これらの屋上庭園に共通して植栽されているのが「芝生」です（写

写真１　銀座における商業ビル屋上の様子

真1）。もちろん、屋上以外でも芝生は都内の緑地で多く利用されており、例えば六本木にある東京ミッドタウンには、敷地内に大きな芝生広場があります（写真2）。このように「芝生」は都市域でゆったりと休憩する空間を創出する重要な要素であることがわかります。

芝生を利用した際の心身への効果は、第1章カルテ01で実験結果を紹介しました。以前の実験では芝生の上に椅子を置いて座った際の効果を検証したものでしたが、実際の芝生ではさまざまな利用が見られます。例えば東京ミッドタウンの芝生広場では、座ったり、寝ころんだり、食事をしたり、読書をしたりする様子が見られました。このように「芝生」は他の緑地と違い幅広い

写真２　東京ミッドタウンの芝生広場

利用があり、「寝ころぶ」など特徴的な利用も見られます。このような幅広い利用が可能な点も「芝生の癒し効果」に結びついていると考えられます。

そこで、芝生ならではの幅広い利用行動に着目し、それらの健康効果について調査した結果を説明します。

寝心地の良い芝生

芝生での利用行動として「寝ころぶ」「座る」「歩く」「見る」の4つを取り上げ、それらの行動を実施した後に、「芝生を利用した際に気になる要素」について質問しました。その結果、「水分(芝生が濡れていないか)」が最も多く、次いで「芝生の柔らかさ」でした**(図1)**。水分に関しては、「寝ころぶ」や「座る」といった利用の際に芝生が濡れていると、服も濡れてしまうことから、当然の結果と言えます。また、芝生の柔らかさに関しては、「寝ころぶ」や「座る」といった利用は芝生への設置部分の割合が大きいことから、重要な要素として挙げられていました。一方、芝草の種類などは気になる要素には入っていませんでした。

これらのことから、利用者にとっては、どんな芝草を使っているかよりも、利用時に快適かどうかが気になる要因であることがわかりました。

そこで、芝生の「水分」と「柔らかさ」を改善するために、土壌中にウレタン製土壌改良材を混入し、透水性を高め、クッション性を加えた芝生を施工し、その芝生を利用した際の印象評価実験を行いました。

実験はウレタン製土壌改良材の混入割合が異なる芝生２タイプ（混入率20、60％）と、ウレタン製土壌改良材を混入しない芝生（混入率０％）の合計３タイプの芝生を用意し、「見る」「座る」「寝ころぶ」「歩く」の４つの利用行動時の印象評価をＳＤ法によって調べました。

図の左側にポジティブな形容詞を、右側にネガティブな形容詞を並べた印象プロフィールを**図2**に示しました。ほとんどのデータが中央値の3よりも左に見られたことから、芝生の利用はおおむね好印象であると言えます。混入割合による印象の違いについて調べた結果、ウレタン混入率０％区に比べ、20、60％区の方が、「柔らかい」「弾力性のある」「厚い」といった印象を持っていました。このことから、ウレタンを加えない通常の芝生よりも、ウレタンを混入した芝生の方が、柔らかく、クッション性がある「寝心地の良い芝生」という印象を持つことがわかりました。

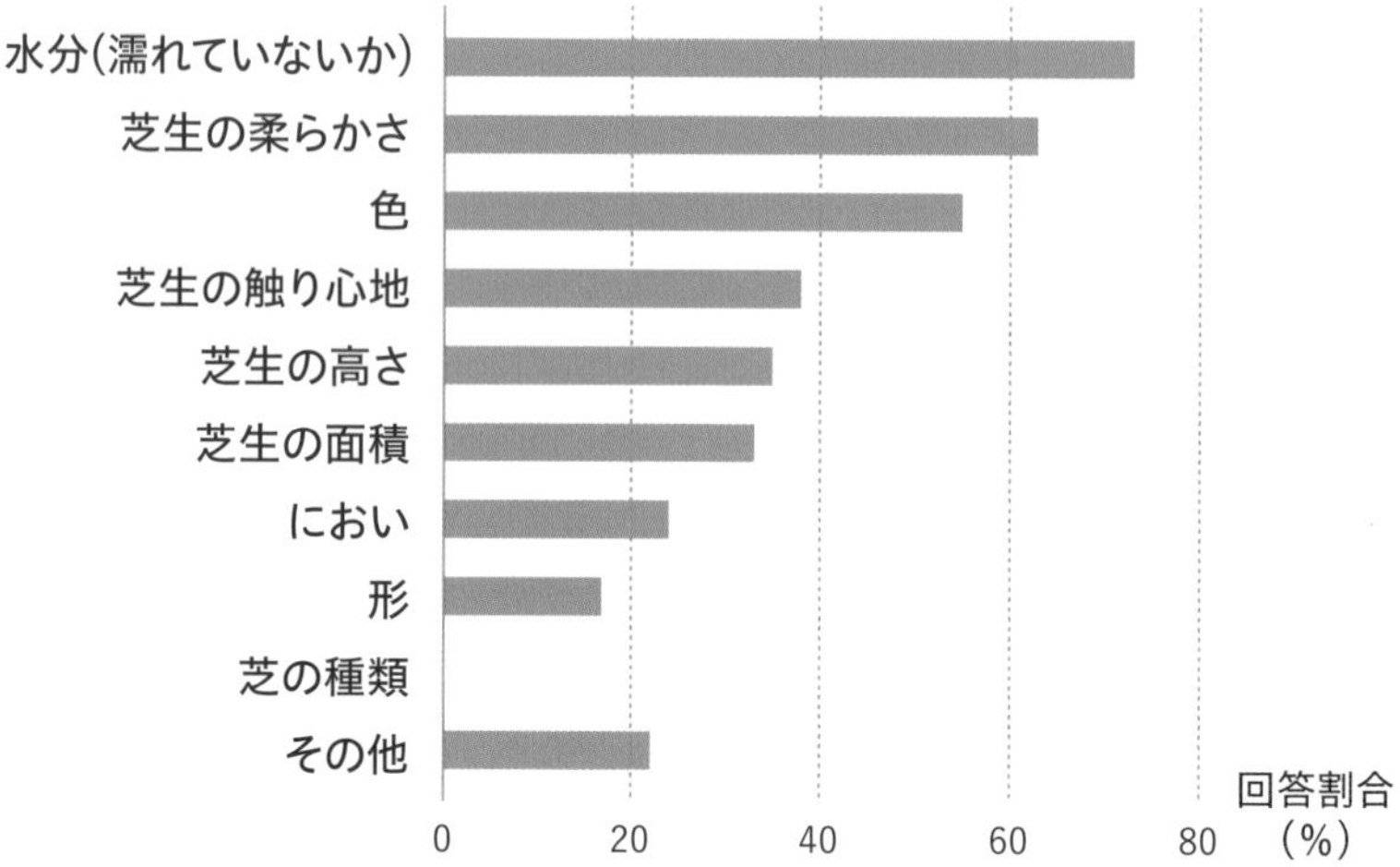

図1　芝生を利用した際に気になる要素（複数回答）

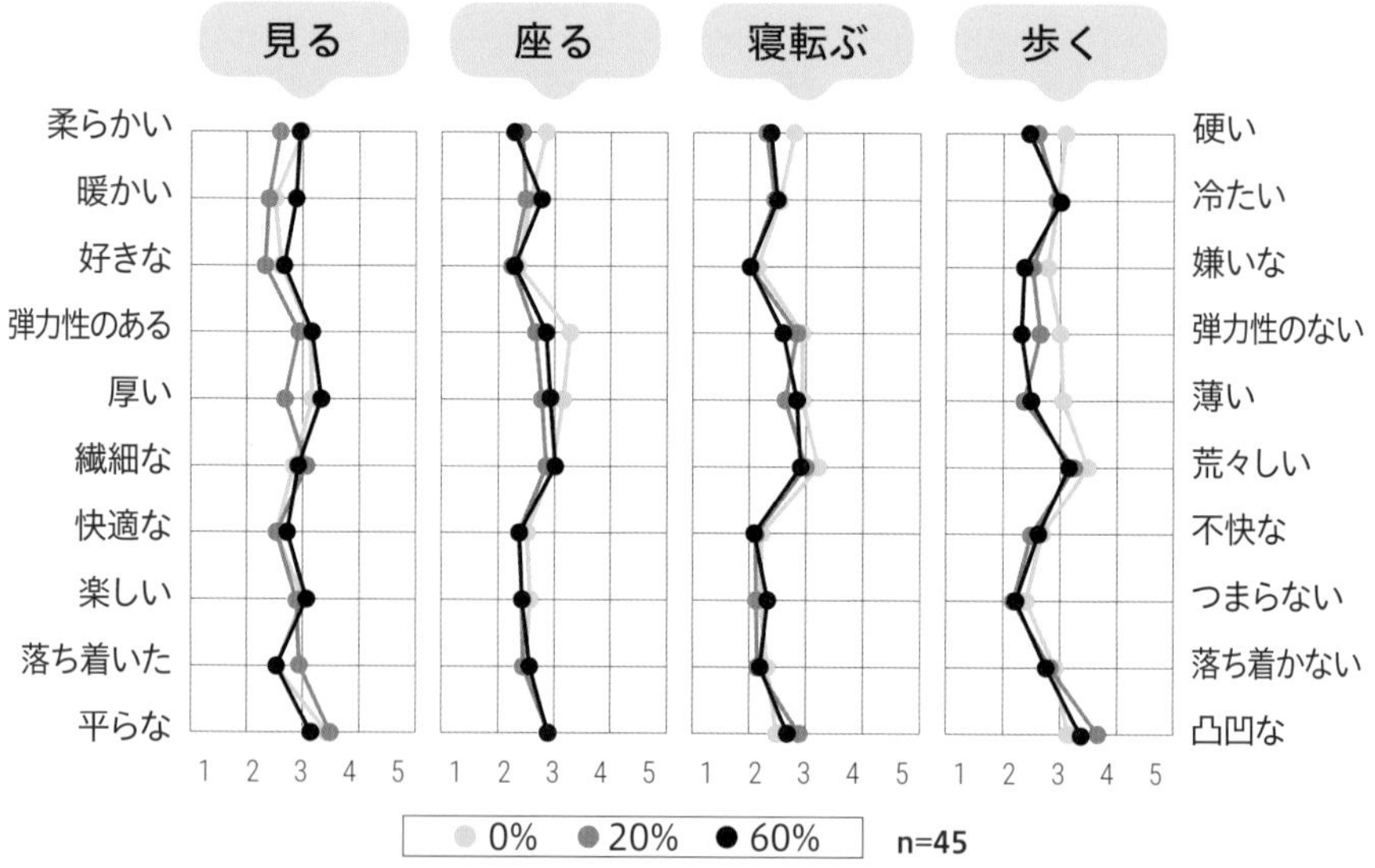

図2　各利用行動におけるウレタン混入割合による印象の違い

医療福祉分野での活用

芝生にクッション性を加えることは、心地良さが向上するだけでなく、芝生の上を歩いたり、寝ころんだりする際に、膝や腰への負担が軽減されることから、医療福祉の現場への活用も期待できます。例えば、病院緑化に芝生を使い、屋外でのリハビリテーションの場として活用することができます。リハビリテーションの動きには「歩行」や「寝ころぶ」「座る」といった内容も含まれるため、これまでの結果から、快適にリハビリテーションを実施できると考えられます。また、高齢者施設の中庭や屋上庭園などにウレタンを混入した芝生を導入することにより、転倒時の怪我を軽減できるはずです。

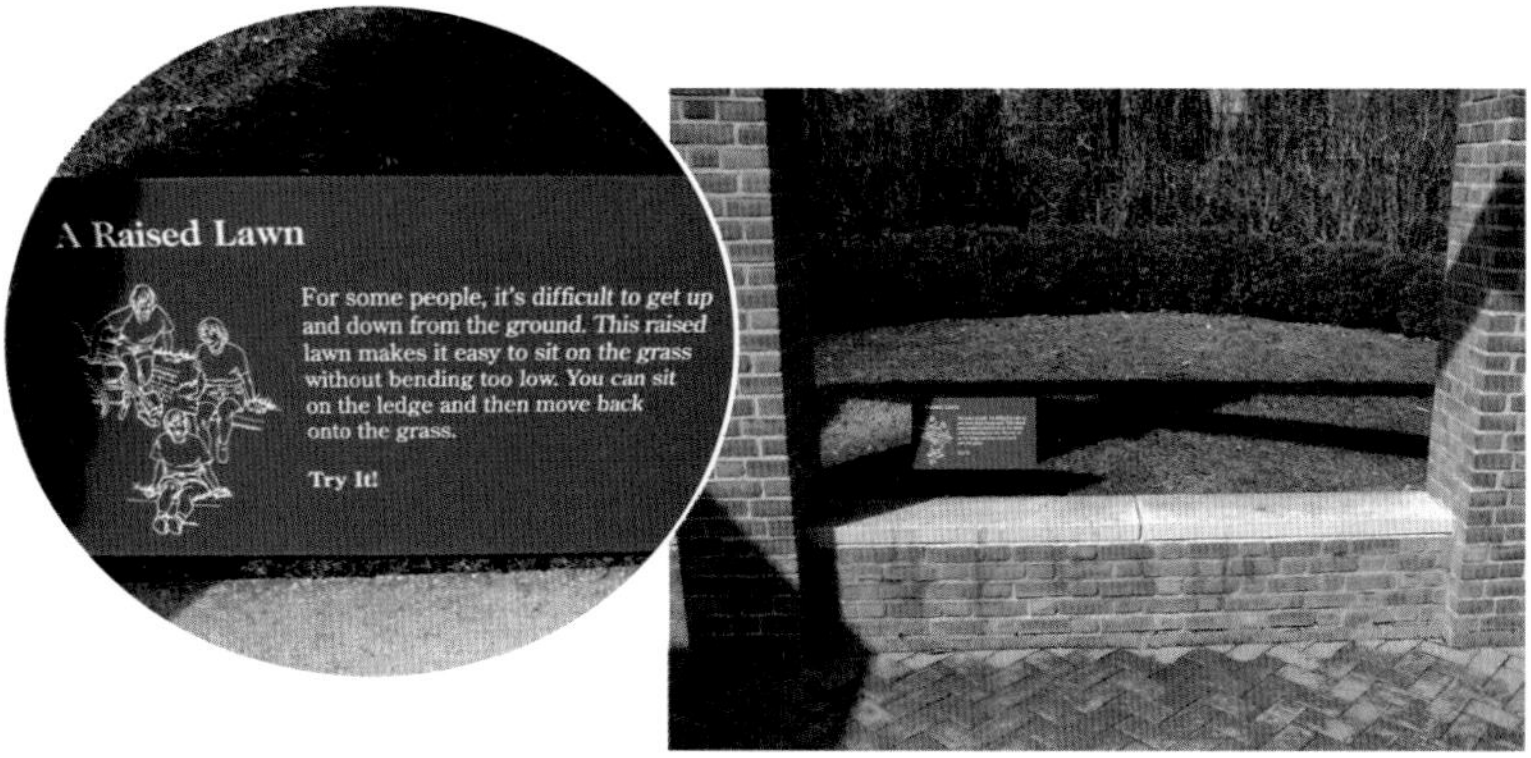

写真3　レイズドローン（アメリカ・シカゴ植物園）

園芸療法などで利用される「レイズドベッド」は、地面より高い位置に造成された花壇のことで、腰や膝を曲げることができない高齢者の方が立位で作業できることや、車いす利用者の方が車いすに座ったままで園芸作業ができること等から、近年、医療福祉分野の現場で導入され始めています。これと同じ発想で、車いす利用者の方や高齢者の方が簡単に芝生に座ったり、寝ころんだりできるように作られたのが「レイズドローン」です（**写真3**）。ウレタン混入芝は、透水性が高く、クッション性があることから、レイズドローンに使用する芝生に適していると考えられます。レイズドローンは日本ではまだあまり知られていませんが、ウレタン混入など快適性を向上させることで、今後は医療福祉分野への導入も期待できるでしょう。

さまざまな分野への応用

芝生は癒し空間の要素として公園等に使用されるだけではなく、サッカーやラグビー、ゴルフ、野球、テニス等、さまざまなスポーツのフィールドに多く利用されています。

これからは、単に運動する場としての利用だけではなく、運動に伴う心身のケアをする場としても利用してほしいと考えています。例えば、芝生のリラックス効果を活かした運動前のアップや、運動後のクールダウンの場としての利用等です。ウレタン混入芝を使い、運動による膝や腰への負担を軽減する等、多様な目的に適応できます。

また、東京都では全公立小中学校において、児童・生徒の日常的な運動量の増加、理科教育・環境教育面での体験的な学びの場を目的として、校庭の芝生化を進めています。これらの目的以外にも、芝生による心身への効果を活かした、子どもたちのメンタルケアや、ウレタン混入芝による怪我の軽減にも繋がると考えられます。

芝生は維持管理に手間がかかる植物ではありますが、子どもから高齢者まで、それぞれの年代に応じた健康効果が期待できるのです。公共緑地だけでなく、個人の庭でも、植栽材料の一つとして芝生を検討してみてはいかがでしょうか。

06

ドイツにおける自然環境を活用した「気候療法」

自然を活用した運動療法

日本と同様の森林国であるドイツでは、森林や海岸などの自然環境が運動を行う場所として広く認識されており、運動生理学的な検証（エビデンス）を基に、実践されています。日本では森林を利用した療法を「森林セラピー」、海水や砂浜を利用した療法を「タラソセラピー」と、セラピーを実施する場所によって分類することが多いのですが、ドイツでは、その土地の保有する自然環境の特徴を活かした療法を「気候療法」と呼んでいます。自然環境の特徴とは、地形、起伏、気温、湿度、立地、高度などであり、例えば森林を利用する際も、「森林」と一まとめにするのではなく、標高の違いによって「高地」と「低地」に分け、それぞれの特徴と効果を活かしたプログラムを提供するのです**（写真1）**。ここでは私がドイツで学んできた気候療法についてお話しします。

写真１　気候療法におけるウォーキングの様子（上：高地、下：低地）

気候療法とは

私はミュンヘン大学のアンゲラ・シュー教授から気候療法を学びました。気候療法は簡単に言うと自然環境を活用した運動療法で、その基本は自然環境の中を歩くことです。歩くことで運動負荷をかけ、体内の代謝を上げて体調を整えます。メトロノームを使い、一定の速度で歩くのが基本です。歩く速度は年齢や健康状態によって設定し、歩く道の距離や傾斜度等から、ＷＡＴＴという単位（運動単位）で運動量を算出します。そして気候療法には歩く際に大事なポイントがあります。それは、歩行時に体の表面（皮膚）がやや冷たく感じるように衣類や負荷量を調整することです。体の表面を冷やすことで毛穴が閉まり、熱の放出を抑え、体内での燃焼・代謝を上げるのです。

しかし、気温の高い夏や、地域によってはいつも気温が高い場合も考えられます。その場合は、上半身だと肘の上まで、下半身だと膝より上まで冷水につけて、体全体の毛穴を締めて体内の熱を放出しないようにします。実は、温めた体内の温度を逃がさないために最後に冷水に入るというサウナの入り方も同様の原理なのです。なので、ドイツの山の中には腕や足を冷やすための水浴場をよく見かけました（**写真２**）。気候療法における運動負荷の基準値は脈拍で測り、「１６０－年齢」で算出される数字の脈拍数になるように運動するのが効果的であると言われています。例えば40歳の場合、１６０－40（歳）＝１２０となるので、脈拍が１２０程度になるように歩行速度を調整することが効果的な歩行速度の指標となります。よって、気候療法での歩行中は、定期的に脈拍のチェックを行い、運動負荷が適切にかかっているかを確認します。

写真２　山中にある水浴場で肘の上まで水につけている筆者

リハビリテーションとしての気候療法

ドイツでは自然環境を活用した気候療法が、さまざまな分野で適用されています。例えば、リハビリテーションの分野において、病後の心身の回復や日常生活への適応を目指したプログラムの一環として気候療法が実施されています。医師から気候療法士にリハビリテーションの依頼が来ると、気候療法士はカルテを基に、その患者さんに適した自然を活用したプログラムを数日から数週間分作成し、実施します。

ドイツで学んで驚いたのは、この自然を活用した気候療法プログラムが保険適用だったことです。ドイツでは西洋医学と気候療法のような自然を活用したセラピーが共存し、どちらも国で認められていました。日本ではまだまだ自然を活用した療法が国に認められていないため、保険適用となるにはハードルが高いのですが、ドイツの自然も日本の自然も、人の体に良い効果があることには変わりがありません。なので、少しずつでもエビデンスを蓄積し、その効果を発信していきたいと思っています。

勤務者の健康維持に気候療法を活用する企業

私がドイツで気候療法の低地実習を受けている時、湖畔のレストハウスでドイツの有名自動車メーカー社員のグループと一緒になりました（**写真3**）。平日の昼間に何をしているのか聞くと、会社から「健康増進週間」として気候療法プログラムに参加するために1週間の有休休暇がもらえると言います。体調不良による休職や退職することを避けるのが目的で、体調を壊す前に、心身ともに健康になってもらおうと、会社が費用を負担してくれているとのことでした。これぞまさに「健康経営」ではないでしょうか。同じお金の使い方でも、日本とは少し違います。予防医学時代の現在、個々人の健康への意識を高めることも大事ですが、雇用側である企業自体の健康意識を高めることも重要です。

子どもの頃からの自然体験

なぜ、ドイツでは自然環境の健康効果が社会的に認められているのでしょうか。理由の一つとして、子どもの頃から緑や自然と触れあい、その健康効果を実感していることが挙げられます。私が高地や低地の実習で驚いたのは、山の中で多くの家族連れに出会ったことでした（**写真4**）。ベビーカーを押した親子や、車いすのおばあちゃんと出会うという日本の山ではなかなか見られない光景です。自

写真3　気候療法に来ていた自動車メーカー社員

写真4　山で出会った子ども連れの家族

然環境の快適性を体験した子どもが大人になった時、心身の不調を改善する選択肢として自然を選び、自分の子どもを連れて来るようになるのです。この素晴らしいサイクルを日本において取り入れるためには、子どもたちに心地良い自然体験をたくさん経験させてあげること、そのために自然環境の中でもベビーカーや車いすが利用できる環境を整備することが必要不可欠です。

その第一歩として、ドイツから帰国後、東京都奥多摩町に気候療法のエッセンスを取り入れ、車いすやベビーカーでも利用できる森林セラピーロードを整備しました（**写真5**）。ぜひ、一度訪れて、その効果を体感してみてください。

写真5　車いすでも利用できる整備（東京都奥多摩町）

公園の散歩、庭やベランダでの園芸等、普段の生活の中で緑と接することで、何となく落ち着いたり、心地良かったりということを経験している人は多いと思います。第1章では、実際の実験や調査の結果から、緑の持つ人への健康効果を紹介してきました。これらの効果を知ることで、日々の生活の中でより緑と接する機会が増え、家族や友人等、他の人にも緑の良さをすすめる契機になるのを期待しています。

コラム❶

「大豆を植えると
——小学生時代」

　まだテレビゲーム等がなかった小学生の頃、密かな楽しみは、親に内緒で、こっそり種を植えて、芽が出るのを観察することでした。父親が園芸好きだったため、我が家にはいつでも土や植木鉢、色々な植物の種がありました。幼少期は父親に怒られることが多かったのですが、勝手に種を植えて育てることに関しては、一回も怒られませんでした。

　そんなある日、台所に行くと、母親が料理に使うため、水に浸した大豆が置いてありました。よく見ると、大豆がぷっくり膨らみ芽のようなものが出ています。「これを植えたら大豆ができる！」。そう思い、こっそり数粒取り出して、土に埋めました。そして、数日が経ち、芽が出て大きくなると、大豆ではなく、枝豆になりました。「え！　なんで大豆じゃなくて枝豆ができたの？」と、とても驚いた記憶があります。その後、枝豆が大豆になる前の状態であることを知ったのでした。

　この経験が「植物って不思議だなぁ」と興味をもった第一歩であり、ここから私の植物との関わりが始まりました。

第2章

花の健康効果

01

花のセラピー効果と購入意欲

樹木やハーブだけじゃない！　花のセラピー効果

これまでのセラピー効果に関する研究では、森林や樹木、緑地、観葉植物、ハーブを対象にした研究が多く、切り花等の「生花」を対象とした研究はあまり見られませんでした。しかし、近年、生花に関するセラピー効果についても徐々に報告されており、有用であることがわかってきました。

一方、農林水産省の資料によると、花きの産出額および購入額は年々減少傾向にあり、業界にとっては大きな問題となっています。今後、花きの消費を促進するには、従来のアメニティ要素とは別の、新たな花の魅力や特徴をアピールする必要があると考えられます。その一環として、農林水産省は平成26年に「花きの振興に関する法律」の中で「国及び地方公共団体は、公共施設及びまちづくりにおける花きの活用に努めるとともに、社会福祉施設その他花きの人を癒す効用が十分に発揮できる施設における花きの活用の促進に努めるものとする。」と提言しています。このように、これからは花のセラピー効果をアピールした展開が期待されているのです。

実際に消費者である我々が花を購入する販売店では、このようなセラピー効果をどれだけ意識して販売しているのでしょうか。また購入者は、セラピー効果の情報があることでどの程度購入意欲が高まるのでしょうか。これまでの研究では、これらの意識や行動についてはほとんど調べられていません。

そこで、生花の販売店と購入者に対してアンケート調査を実施することにしました。

購入者は花のセラピー効果を意識しているのか？

花の購入に関する意識を把握するために、都内の20-60歳代の男女416名を対象にオンラインアンケートを実施しました。過去1年間に1回以上、花を購入したことがあるか聞いた結果、購入したことがある人の割合は416名中312名の75%でした。この購入経験のある312名に対し、「花を購入する理由」について聞いた結果、8割以上の方が「空間が華やかになるから」「花の見た目が好きだから」「季節を感じるから」「リラックスするから」という理由を回答していました（**図1**）。「空間が華やかになるから」

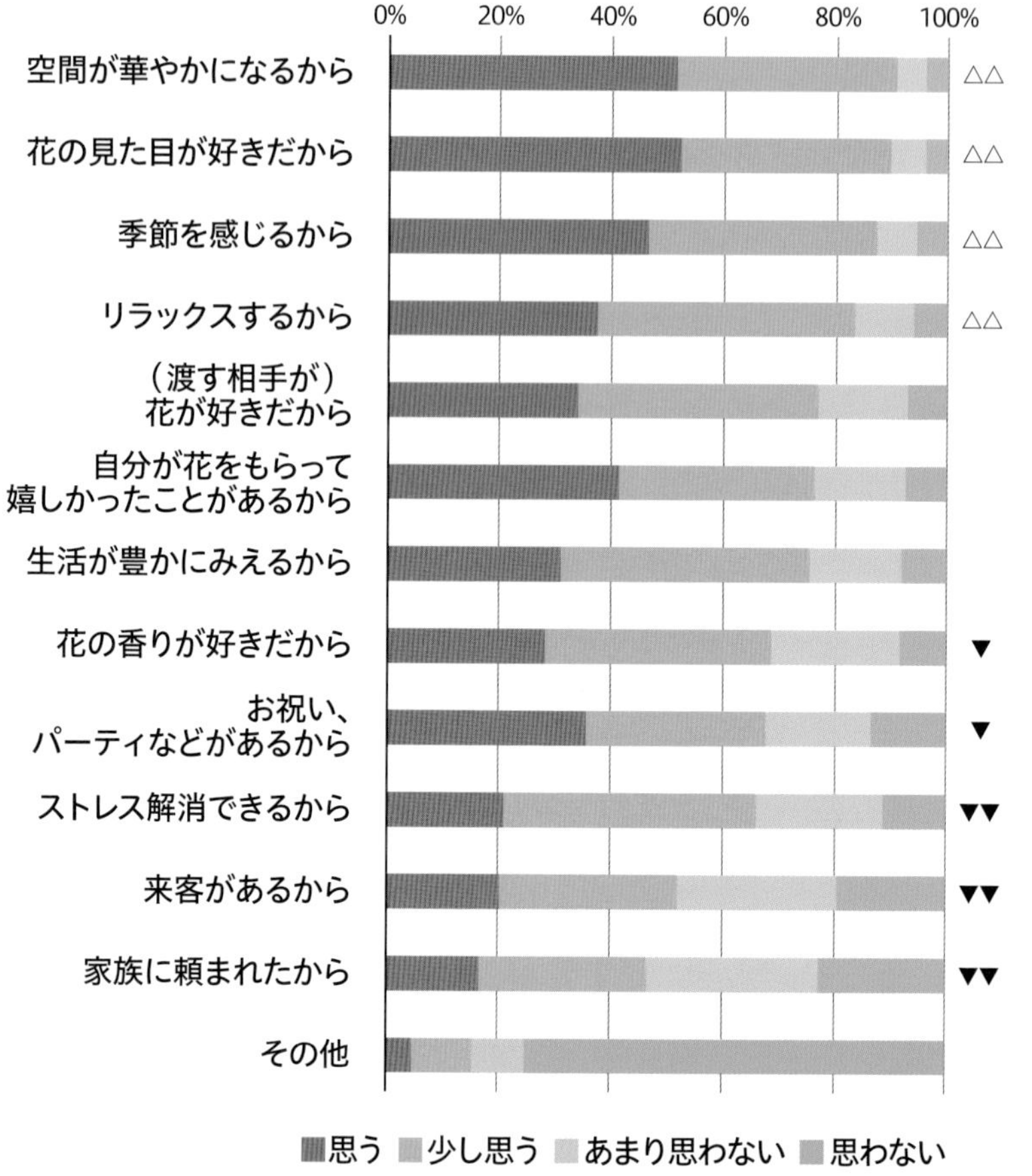

Peasonのχ^2検定：思う＋少し思う，思わない＋あまり思わない　1%有意差あり
残差分析：△△1%正に有意　▼▼1%負に有意　▼5%負に有意

n=312

図1　購入者が切り花を購入する理由（複数回答）

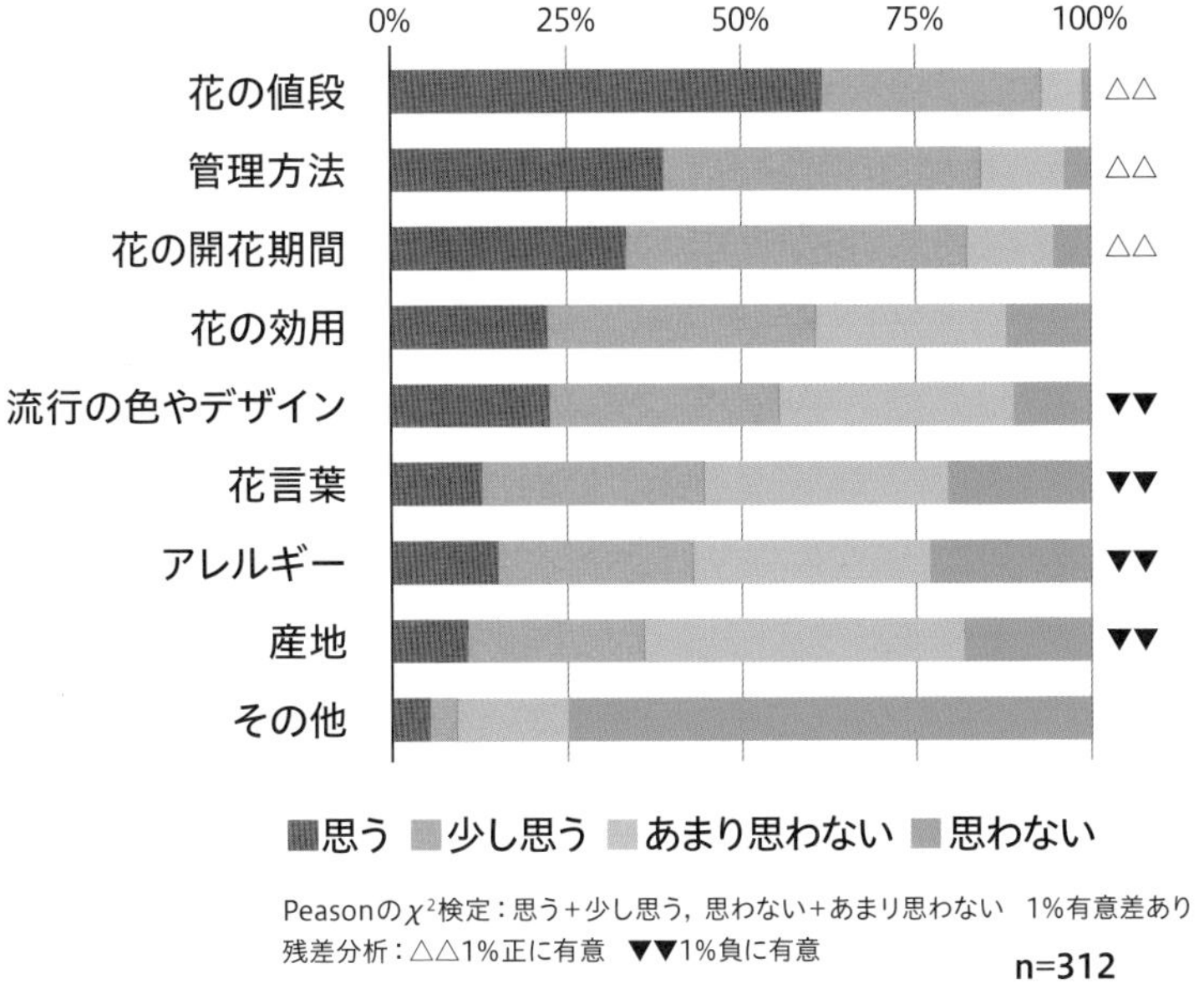

図2　購入者が切り花購入時に必要とする情報（複数回答）

という回答は、従来のアメニティ機能が求められている結果であると考えられますが、「リラックスするから」という回答も多かったことから、心身への効果も花を購入する理由の一つになっていることがわかります。

次に、過去1年間に花を購入した312名に対し、「購入時必要とする情報」について聞きました。その結果、多い順に「花の値段」「管理方法」「花の開花期間」と回答され、8割以上を占めました(**図2**)。次いで4番目に多かったのが「花の効用」という回答で、6割以上の方が回答していました。「価格」や、「維持管理」に関する情報は、花を購入する上で必要不可欠な情報であることから妥当な結果であり、すでに多くの店舗で提供されている情報であると考えられますが、「花の効用」の情報も多くの人が購入時に求めていることがわかりました。

これらの結果から、花の購入者は従来の「アメニティ効果」に加え、「花の効用（セラピー効果）」に関しても期待していると考えられます。

花を購入する習慣がない人へのアプローチ

過去1年間に花を購入したことがない人（416名中104名）に対し、「花を購入しない理由」について聞いた結果、最も多かった理由は「花を買う習慣がないから」であり8割を超えていました。また「花が好きでないから」と回答した人は少なく4割以下でした。つまり、花を購入しない理由は、好き嫌いといった花に対する嗜好性よりも、花を購入する習慣がないことが大きく影響していると言えます。習慣というものは、人から言われて急に身につくものではなく、普段の生活の中で自然と身につくものです。よって、販売者側は、多くの人が関心を持っており、普段の生活でも気にしている項目をアピールし、日常的に手に取ってもらうための工夫が必要です。私は、そのアピール

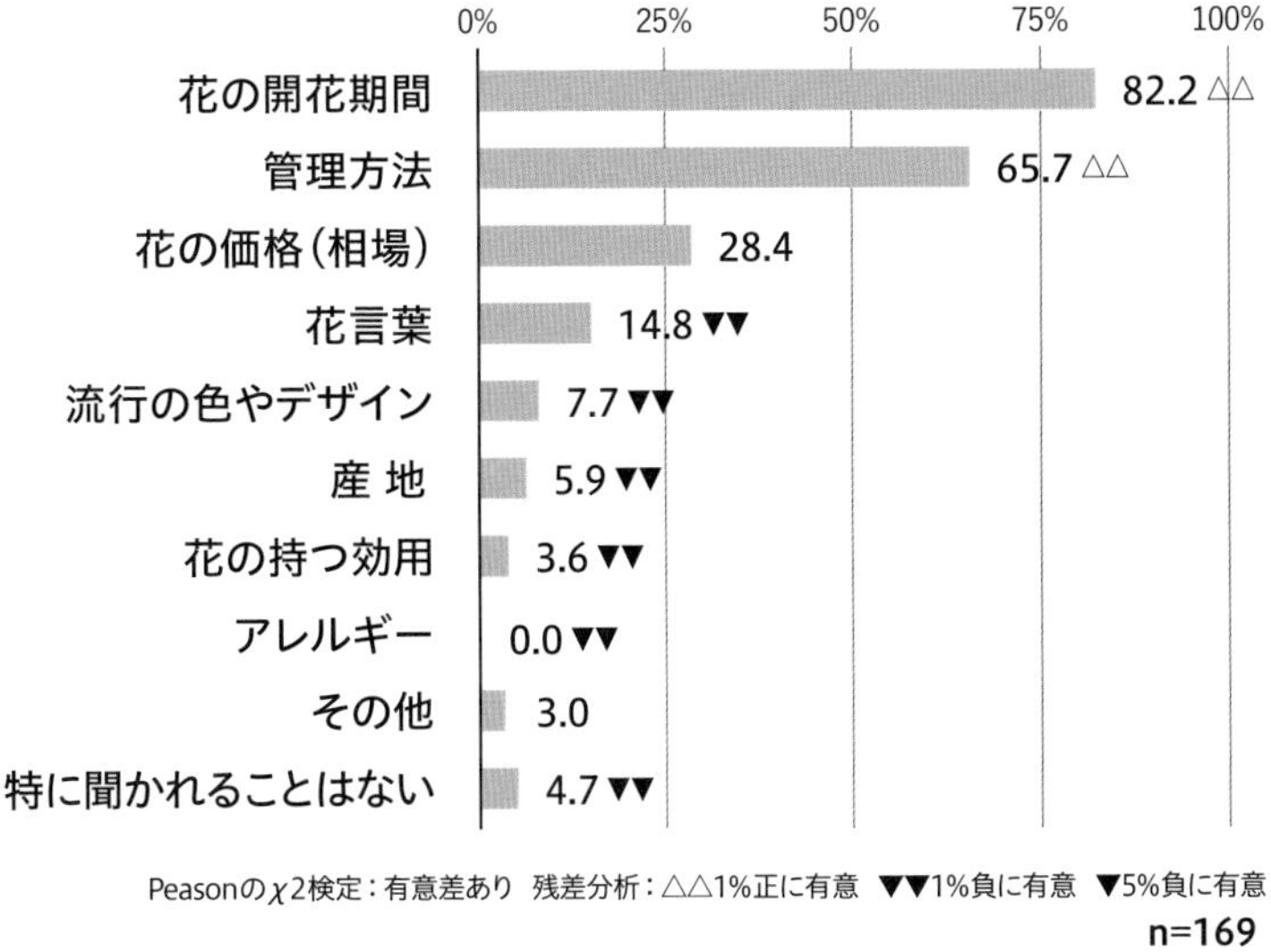

図3　生花店で購入者によく聞かれる質問（複数回答）

項目として「健康」が適しており、「セラピー効果」に関する情報を提供することで、健康のために花を購入するという習慣に繋がると考えています。

花のセラピー効果に対する販売者側の意識

花の販売者側の意識を調べるために、JFTD（花キューピット）加盟店全442店舗に対して郵送式アンケート調査を行い、173店舗から回答を得ました。「生花店で購入者からよく聞かれる質問」について聞いた結果（図3）、「花の開花期間」が最も多く、次いで「管理方法」「花の価格」という順でした。

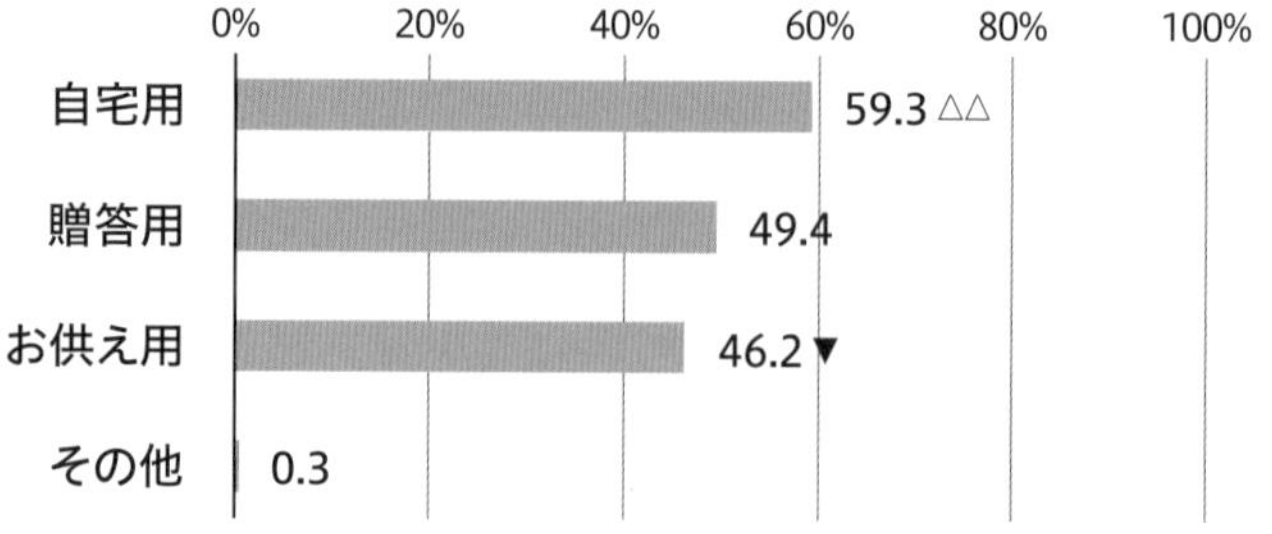

Peasonのχ2検定：1%有意差あり　残差分析：△△1%正に有意　▼5%負に有意
n=312

図４　過去１年間に購入した切り花の用途（複数回答）

これは、購入者に聞いた「切り花購入時に必要な情報」の上位３つと同じ項目でした。よって、購入者は切り花購入時に知りたい内容を、実際に生花店でも質問していることがわかりました。

その一方で、購入者の６割が必要な情報として挙げていた「花の持つ効用」については、生花店での質問割合は３・６％と、ほとんど質問されていませんでした。これは、購入者が「花の効用について生花店に聞いても知らないのではないか」と考えているのかもしれません。これからの花屋は、花の効用に関する情報を収集し、積極的に店舗で発信していくことが必要です。

緑の特保？
セラピー効果をアピールして販売促進を

過去1年間に切り花を購入した人に対し、購入用途を聞いたところ、「自宅用」が最も多い結果になりました(図4)。花のセラピー効果という観点から見ると、「自宅用」という購入用途は「セルフケア」に結びつくと考えられます。今後、花の心身への効用をアピールすることで、消費者もサプリメントを購入する感覚で、セルフケアとして気軽に花を購入する可能性が増えるのではないでしょうか。

食品業界においては特定保健用食品(以下、特保)表示によって、消費者の購買意欲が向上することが報告されています。それは特保表示の存在が、食品の体への効用を知る契機になっているからなのです。研究成果を大いに活用し、植物も「緑の特保」として心身への効用をアピールすることで、健康に関心のある人に手に取ってもらい、それをきっかけに植物にも関心を持ってもらいたいと考えています。

02

お見舞いに花束を
——病院における生花の役割——

病院に植物の効能は活用できるか？

病院は自身の通院や入院だけでなく、家族や友人のお見舞いなど、常に緊張や不安を抱えて利用する特殊な空間です。超高齢化社会であり、ストレス社会である現在、病院を利用する機会が増えると予想されることから、少しでも病院利用者の不安や緊張を和らげることが求められています。ここで活用したいのが、植物です。これまでご紹介したように、植物には緊張や不安を緩和させる効果があります。病院にも、植物を上手く取り入れることで、利用者の感情を改善する効果があると考えられます。その例として、お見舞いの花束が挙げられます。無機質な病室に生花を飾ると、暗くなりがちな入院生活が明るくなることから、昔からお見舞いには花束が選ばれていました。

しかし、近年、一部の病院では植物の持ち込みが規制されており、昔のようにお見舞いに花束を持って行く姿を見る機会が少なくなってしまいました。

では、病院における植物、特に生花の持ち込みはなぜ規制され、なぜ持ち込まれなく

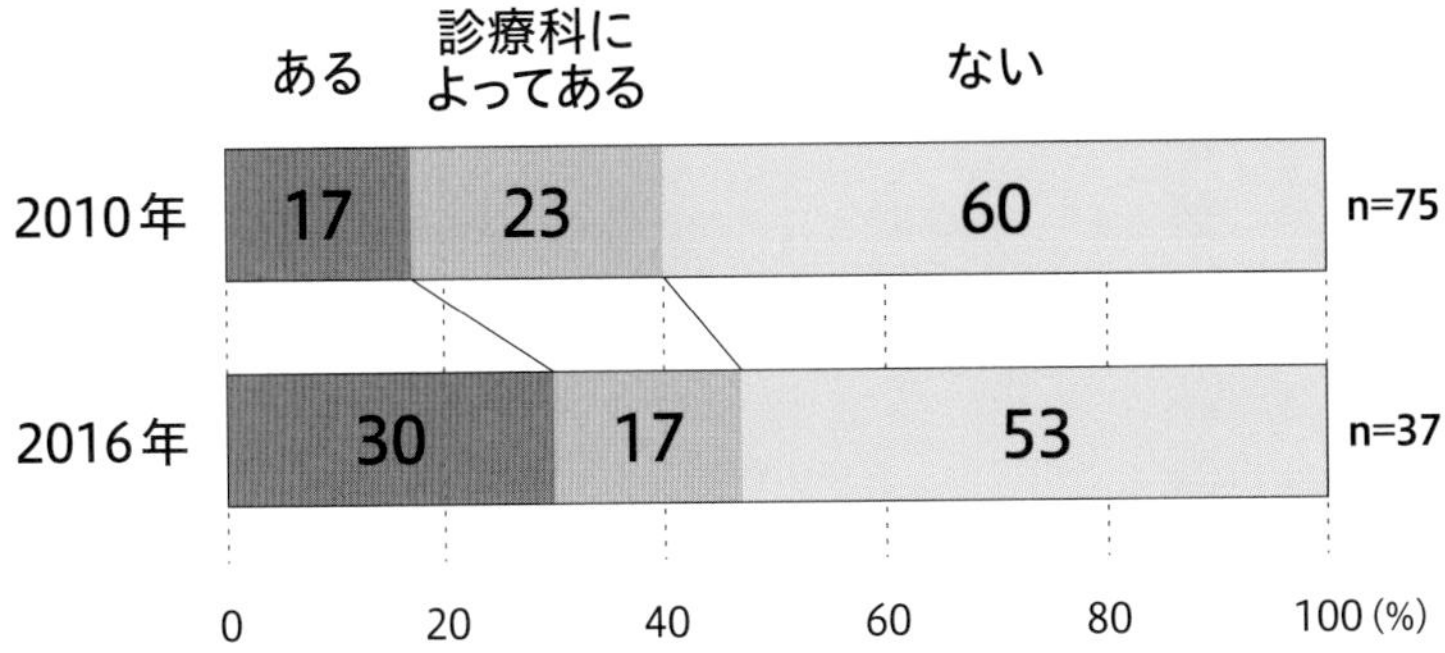

図1　病院における植物の持ち込み規制有無の変化（2010年と2016年の比較）

なっているのでしょうか。

病院における植物の持ち込み規制

２０１０年と２０１６年に東京都病院協会に所属している病床数２００床以上の大規模病院を対象にアンケート調査を実施しました。植物の持ち込み規制の有無について聞いた結果、「病院全体で規制している」「診療科によって規制している」を合わせた「植物の持ち込み規制がある病院」の割合は、６年間で40％から47％と増加していました（**図１**）。その詳細を見ると、２０１０年では「病院全体で規制している」よりも「診療科によって規制している」病院の方が多かったのですが、２０１６年では「病院全体で規制している」方が多くなり、その割合は17％から30％と大きく増加していました。つまり、規制する範囲が診療科の一部から病院全体へと広がっており、6年間で植物の持ち込みが、より厳しくなっていたのです。

さて、昔から鉢植えの植物は、「根付く」と「寝付く」を連想させてしまうことから、お見舞いには不向きであると言われていました。花に関しても、香りが強すぎるものや、花が持つイメージによって菊などは避けられていました。このように、これまでも植物なら何でも良いわけではなく、病院という特殊な空間であることから、我々は持ち込む植物を選んでいたと言えます。

ただし、調査した結果では、病院が持ち込み規制をしている植物は、縁起やイメージの悪い植物というような「植物の種類」によって規制しているわけではなく、「植物全般」の持ち込みを規制している病院が多いことがわかりました。

お見舞いに花束は駄目なのか

先のアンケート調査で「病院全体で規制している」と回答した病院に対し、規制している理由を尋ねました(**図2**)。その結果、「院内感染の予防」が92％と最も多いことが

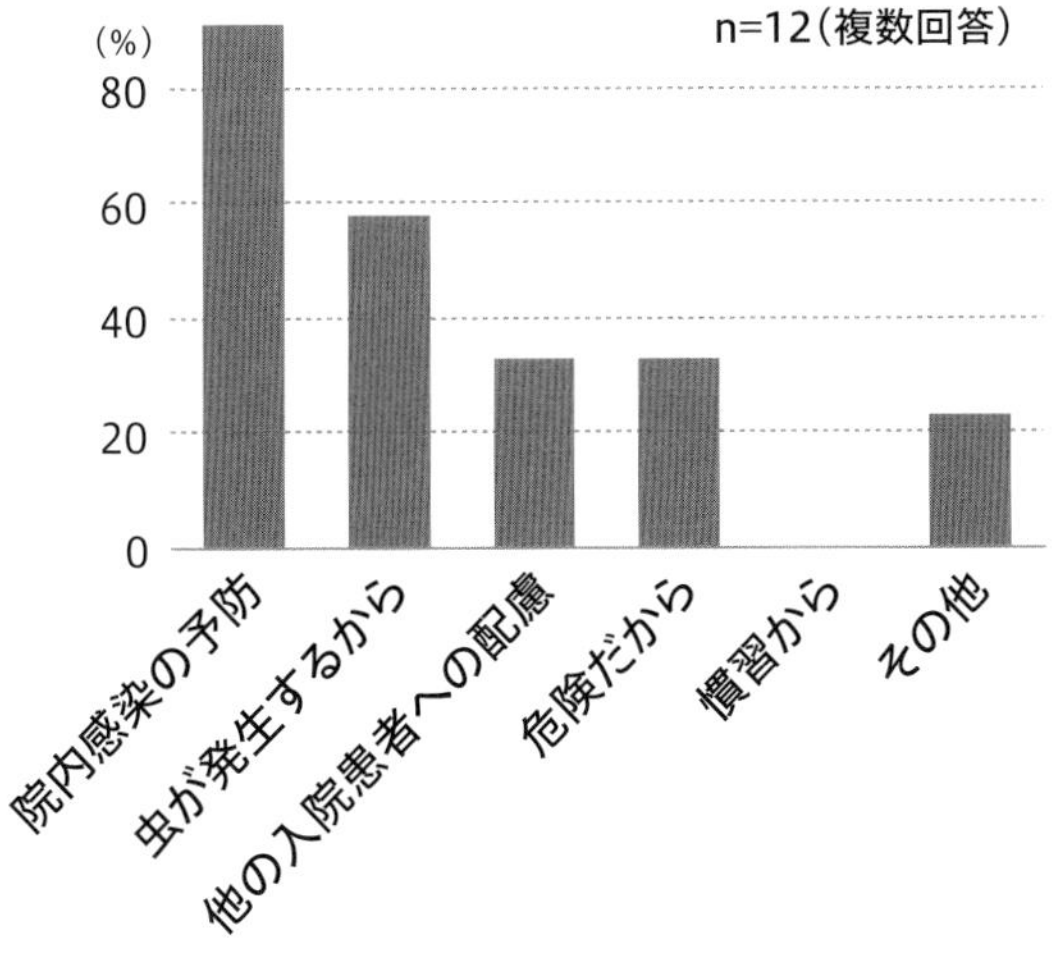

図2 植物の持ち込みを全面的に規制する理由

わかりました。

しかし、２００３年に米国疾病予防管理センター（ＣＤＣ）および医療感染管理諮問委員会（ＨＩＣＰＡＣ）が発表した「医療施設における環境感染管理のためのＣＤＣガイドライン」では、「生花は患者に免疫不全がなければ感染症の恐れがない」と報告されています。つまり、一部の患者を除いて生花は安全であり、お見舞いに花束を持って行くことは問題ないのです。

この報告は10年以上前に発表されていますが、「病院全体で規制している」病院が増えているということは、このガイドラインが日本の医療現場において広く認知されていないのかもしれません。ただ、先のアンケート調査で「診療科によって規制している」と回答した病院の多くはこのガイドラインを認識しており、植物の持ち込みを規制している診療科として、免疫不全に関係のある「血液科」と回答していました。

今後、病院内に植物を導入するためには、このような情報を医療関係者のみならず、病院を利用する多くの人々に知ってもらうことが必要です。

なぜ、お見舞いに花束は選ばれない？

これまでは「病院側」の植物持ち込み規制の話をしてきましたが、規制の有無に関わらず、花束がお見舞い品として選ばれなくなった可能性も考えられます。そこで「お見舞い側」の意識を把握するために、病院にお見舞い品を持って行った経験のある10代から60代の128人を対象にアンケートを実施しました。

お見舞い品に何を選ぶか聞いたところ、最も多かったのは「お菓子やケーキ」で、年齢に関係なく半数近い人が選んでいました。一方、「生花」を選んだ人は3割程度で、高齢の方が多く、若い人はあまり選ばないことがわかりました。「生花」をお見舞い品に選んだ人に対し、選んだ理由を聞いたところ、「お見舞いに適している」「病室が明るくなる」といった回答が多く見られました(**図3**)。一方、お見舞い品に「生花」を選ば

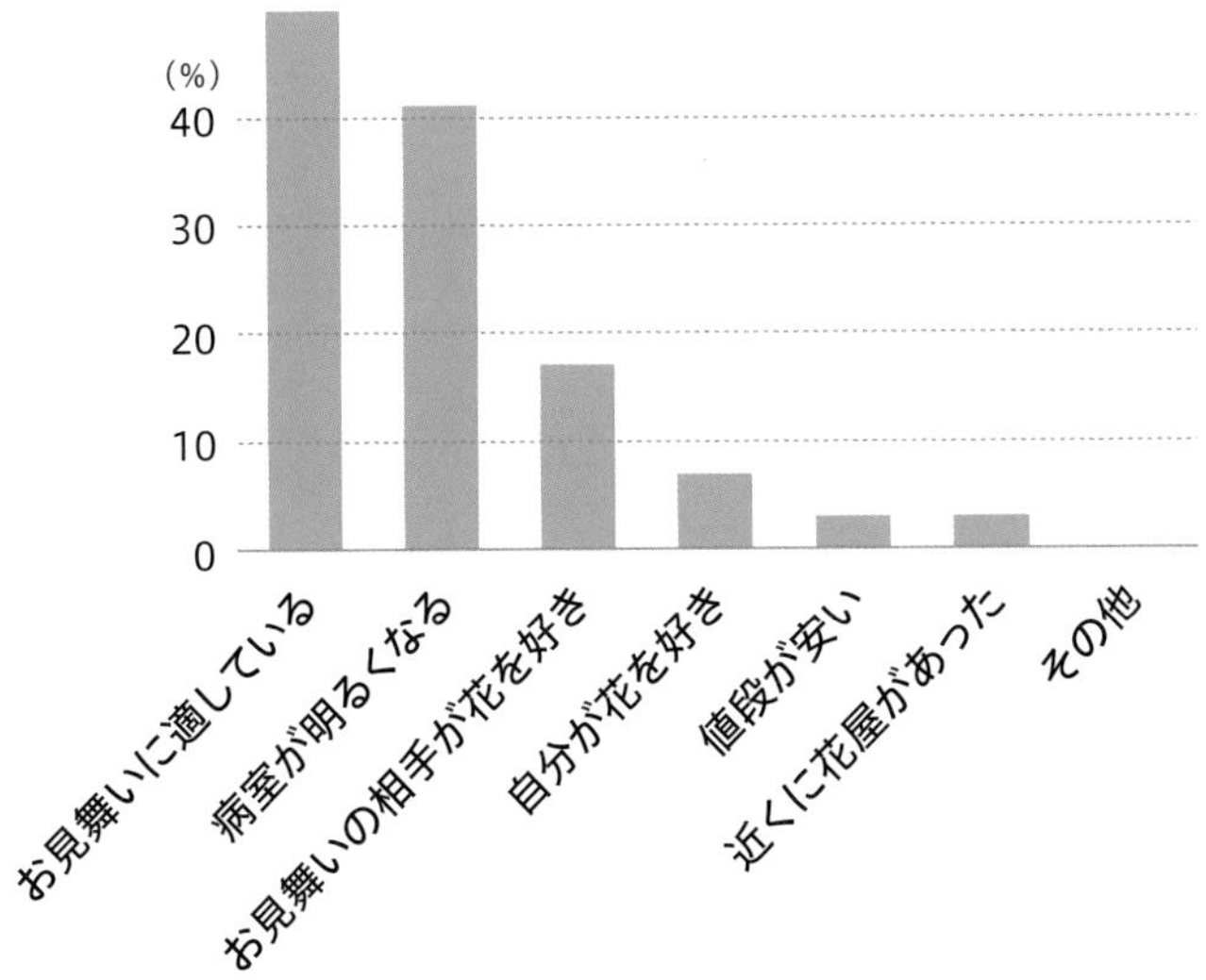

図3　お見舞い品として生花を選んだ理由　n=24

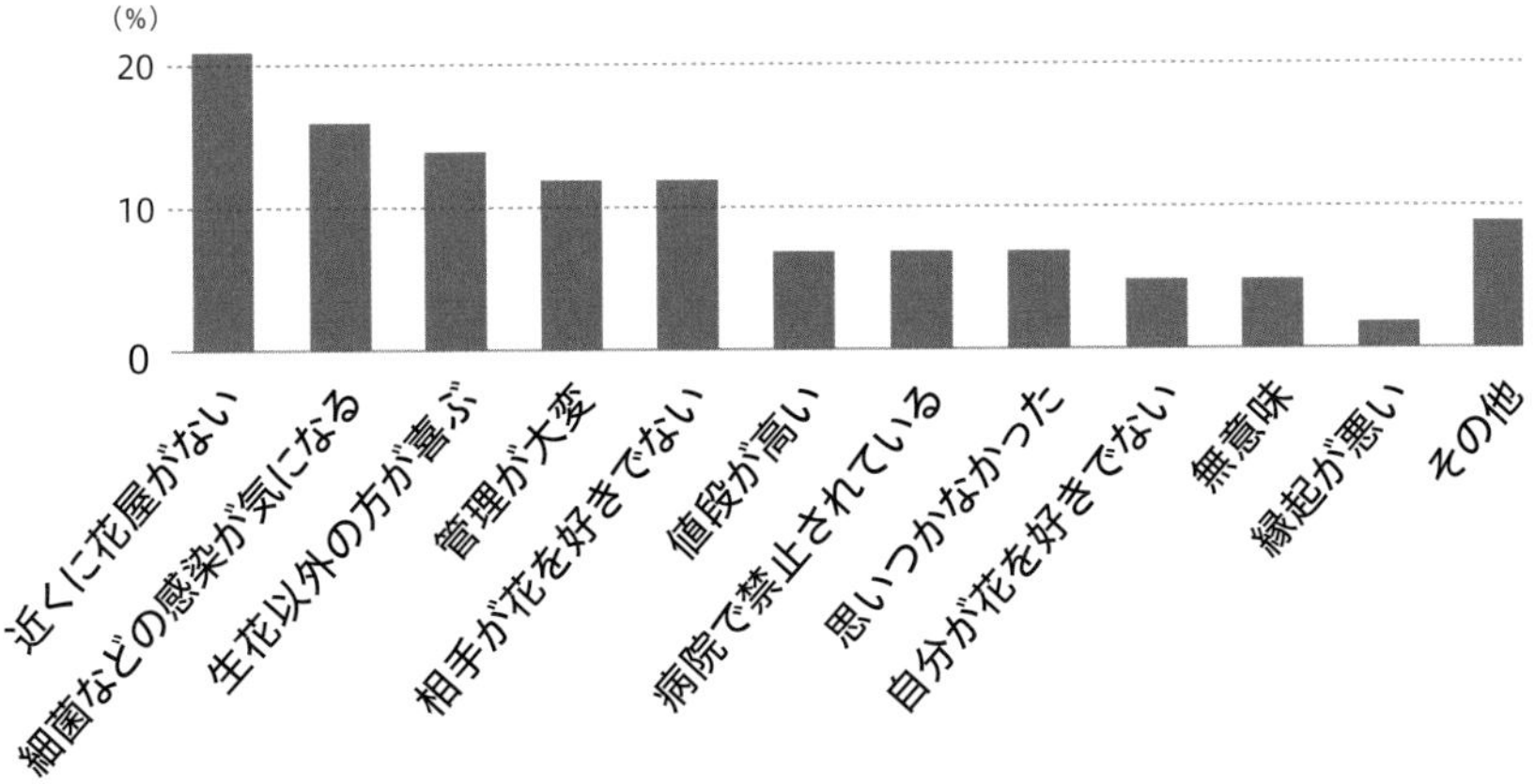

図4　お見舞い品として生花を選ばなかった理由　n=47

なかった人に、その理由を聞くと、突出して多い回答は見られなかったのですが、最も多い回答は「近くに花屋がない」（21％）であり、「細菌などの感染が気になる」（15％）よりも多く見られました（図4）。

以上から、お見舞いに行く人にとっては、病院側の理由で多かった「細菌などの感染」だけではなく、「生花店が近くにない」ことも生花を選ばない大きな理由になっているようです。

病院内の生花店の役割

実際、病院内の生花店数は年々減少しており、今回調査した病院の中で、生花店のある病院はたったの8％でした。以前、病院に出店している生花店にヒアリング調査をしたことがあります。その際、「季節によりさまざまな花が入荷するので、入院患者さんが、それを楽しみに見に来られることが多い」という声をたくさん聞きました。

病院における生花店は、お見舞い品として花を販売する場所だけではなく、入院患者が病院の中で季節感を感じることができる数少ない場所としても必要ではないでしょうか。特に都市域の病院など敷地内に緑化空間が十分に取れない場合、病院内に生花店があれば、植物を身近に感じることができ、患者だけではなく、病院勤務者のストレスも緩和されると考えられます。

これからの病院は、植物の持ち込みを完全に規制するのではなく、病院利用者側の意識も勘案し、患者へのリスクを回避しながら、生花の導入や生花店の出店を積極的に進めてほしいと思います。

03

「摘んで良い花壇」の取り組みと効果
―病院に設置した事例―

植物を「育てる」「狩る」

園芸療法の本質は、「育てる」行為と「狩る」行為だと言われています。植物を育てることは子育てと同じく、大変ではあるけれど、その成長を待つ楽しみがあり、生きがいや、やる気を生み出す力に繋がります。一方、植物を収穫することも楽しい行為であり、充実感や満足感に繋がります。例えば、イチゴやサツマイモ等、お店で簡単に購入できるのに、わざわざイチゴ狩りや芋掘り等の味覚狩りに行ってしまうのは、この「狩る」という行為が満足感を得られ、心地良いからなのです。よって、「育てる」「狩る」という行為を日常的に取り入れた生活を送ることが心身の健康維持には理想的であると考えられます。

しかし、普段の生活の中に「育てる」「狩る」を取り入れるのは、農家など仕事で植物を扱っている方や、自宅に庭があり毎日管理ができる方以外は、なかなか難しいかと思います。

そこで、私は誰でも「摘んで良い花壇」を提案し、さまざまな場所に設置し、その効果を検証してきました。ここではその実践例から、「摘んで良い花壇」の効果をご紹介します。

病院に設置した「摘んで良い花壇」

私が最初に摘んで良い花壇を作ったのは、２０１０年頃。千葉大学医学部附属病院の中にあった小さな庭でした※。この庭は人目に付きにくい場所にあり、せっかくきれいな花壇やベンチが設置されていたにも関わらず、当時はほとんど人の利用がありませんでした。病院緑化の研究をしている私としては、何とかこの状況を改善したいと思い、再生計画を提案しました。そのコンセプトが、誰でも「摘んで良い花壇」でした。

病院としても、この場所の扱いに困っていたため、庭に手を入れることは了解してもらいましたが、整備予算はもらえませんでした。そこで、病院の近所に住んでいる園芸学部の卒業生や、病院のあるキャンパス内の先生方に声をかけ、花壇整備のお手伝いをお願いしました。すると、定年で会社を退職された大先輩や、看護学部の教員・学生が

写真1　整備前に摘んで良いという花壇のコンセプトを説明

協力してくれることになりました。

摘んで、持ち帰って、癒される

しかし、ここからが大変だったのです。花壇作業を始めるにあたり、協力していただく皆さんを集めて、「摘んで良い花壇」のコンセプトを説明しました（**写真1**）。すると、「せっかく花を植えるのに、勝手に摘まれて良いのか」「花が全部摘まれてなくなったらどうするのか」など、さまざまな意見をいただきました。このときは私も初めての挑戦で、この花壇がどうなるのかは正直わかりませんでした。ただ、その時に丁寧に説明したのは「この花壇を設置する目的が他の花壇とは違う」という点でした。

写真２　亥鼻（いのはな）キャンパスにちなみ、「癒の花（いのはな）ガーデン」と命名

従来の花壇は「美しく見せる」ことを目的としている場合が多いため、「勝手に摘まれる」ことで、花壇が美しくなくなることが懸念されます。しかし、私がこの病院の庭で目指したのは、この場所を利用することで、患者や職員のＱＯＬを高めることでした。だから「美しく見えなくても、利用した人がリラックスして、楽しめる花壇にしたい」という思いを伝えました。こうして説明した結果、「とりあえず、やってみましょう」と話が進み、「摘んで良い花壇」を整備することができました。

設置後、しばらく様子を見ていましたが、全く花は摘まれませんでした。今考えると当たり前です。普通、自宅の庭でない限り、花壇の花を勝手に摘んで良いとは思いませんよね。そこで新たに「気に入った花があったら

写真３　整備には園芸学部卒業生や看護学部の学生・先生も参加

摘んで持って帰って良いですよ」と書いた札を付けることにしました。ただ、病院ですので「患者さんの場合は、病室に持ち帰って良いかなど医師や看護師に相談してくださいね」と付け加えました。また、「患者さんだけでなく、職員さんや看護師さんなど、誰でも摘んで良いですよ」とも書きました。これで準備ＯＫです。ただ「全部摘まれたらどうしよう」という不安は残ったままでした。

日本人気質が「摘んで良い花壇」を成立させる

札の設置後、定期的に花壇の様子を見に行きました。すると、花はいくつか摘まれていましたが、全部摘まれることはありませんでした！

実際に摘んでいた人に話を聞くと「全部摘むのは申し訳ないので、後の人のために残しておきました」と話される方が多くいらっしゃいました。このあたりは日本人気質というのでしょうか。「全部摘まれたらどうしよう」という私の不安は一気に解消されました。

さらに、私も予想していなかった嬉しいことが起こりました。花壇の中や周りがきれいになっていたのです。私の研究室があるキャンパスと、病院のあるキャンパスは同じ県内でも場所が離れており、頻繁に管理に行けないため、これまでは行くたびに雑草が繁茂していたり、ゴミが捨てられていたりすることが多かったのですが、それがほとんどなかったのです。これについても話を聞くと、「無料でお花をいただくのは申し訳ないので、お礼に周りの雑草を抜いたり、ゴミを拾ったりしました」と笑顔で話されました。もらったらお礼を返す、という意識が行動として花壇の管理に繋がったことに、とても感動しました。

この「摘んで良い花壇」は、最初は以前から庭に来ていた数少ない患者さんや職員さんの利用しか見られませんでしたが、摘んだ花を持って帰った先で「その花どうしたの？」「え、摘んで良いの？」という会話が生まれ、口コミで噂が広まり、徐々に多くの人に認識、利用されるようになりました。利用していた病院勤務者の皆様にヒアリング調査を行うと、

写真4　現在、看護学部キャンパス内で活動継続中

「お店で花を買うことはあっても、自分で花を摘むことはないので嬉しい」「仕事帰りに一輪だけ摘んで、自宅に飾って癒されています」等の声があり、期待していた反応が得られました。

この病院での経験から、「見るだけの花壇」では得られない、「摘んで良い花壇」の効果を実感し、他の場所でも実践したいと考えるようになりました。「摘んで良い花壇」の続編は、第4章カルテ04「『摘んで良い花壇』を活用したコミュニティケア」(158ページ)でご紹介します。

※注：病棟の改修工事に伴い、残念ながら千葉大学医学部附属病院の「摘んで良い花壇」はなくなってしまいましたが、隣接する看護学部キャンパス内で活動は継続しています（写真4）。

04
花を見て笑顔に！ ―笑顔と健康の関係―

笑顔と健康の関係

　コロナ禍以降、外出自粛やテレワーク等生活が大きく変わり、ストレスが溜まった人も多かったと思います。そんな時、いつの間にか笑顔が減っていませんでしたか？　実はその「笑顔」は、健康に深く関わっているのです。人体にはウイルスや細菌の脅威から自身を守るＮＫ細胞（ナチュラルキラー細胞）とＢ細胞という免疫細胞が存在します。この２つの細胞が減少すると免疫力が低下するため、さまざまな病気にかかりやすくなってしまいます。そして、近年の研究では、この免疫細胞が「笑う」ことで活性化すると報告されています。例えば、ＮＫ細胞が低下しているがん患者に漫才を見せて大笑いさせたところ、ＮＫ細胞やＢ細胞は人体に侵入した病原体を攻撃すると同時に、体内で発生したがん細胞をも破壊した実験結果等が報告されています。

同じように、植物と関わることでも我々は笑顔になりますよね。特に花との関わりは、花束をプレゼントされたり、部屋に花を飾ったり、表情が明るくなりやすいと考えられます。ここでは笑顔と健康の関係、花と笑顔の関係を見ていきましょう。

パッチ・アダムスの笑い療法

実際に、入院中の患者を笑わせることを実践していた医師がいます。その活動は１９９８年にロビン・ウィリアムズ主演の映画『パッチ・アダムス』として公開されました。この映画は実在する医者パッチ・アダムスを描いた作品で、笑顔の多さに比例してみんなの幸福感が増すと気づいた彼が、病院でクラウン（ピエロ）に扮装し、入院患者たちを笑わせることで、「パッチ（傷を治す）」セラピーを広めていくといった内容です。最初はなかなか理解されませんでしたが、実際に患者が回復していく事例が増え、今では「笑いが健康に良い」という認識は世界的に広まっています。日本でも（一社）癒しの環境研究会が「笑い療法士」という資格を認定しており、医療と笑いを結びつける活動が行われています。

私は園芸療法プログラムなどで多くの人と接してきましたが、クラウンの格好や漫才

写真１　病院の屋上に設置された花畑

をして大笑いしてもらうだけでなく、一緒に植物を植えたり、外のきれいな景色を眺めたり、植物の芽生えに微笑んだり、花の開花に喜んだり、花やハーブの香りにワクワクしたり、植物と関わっている時にも多くの笑顔を見てきました。

植物で笑顔になる。この効果を多くの人に知ってもらいたいという思いから、実際の病院で笑顔（顔の表情）を測る調査を行いました。

❖花畑の散歩前後で、笑顔の度合いを測定

調査は静岡県の市立御前崎総合病院に協力していただきました（**写真１**）。この病院を選んだ理由は院内に１２００㎡の広大な花畑があり、春はナノハナ、夏はヒマワリ、秋はコスモスと季節によって花が楽しめるからです。この花畑

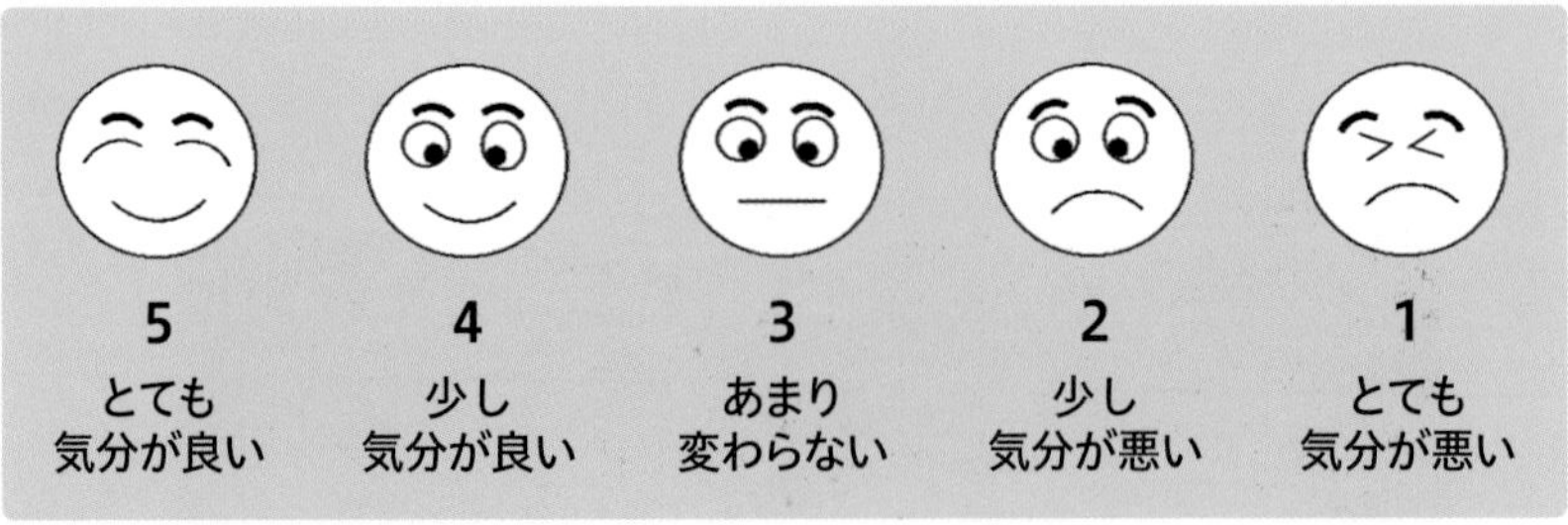

図1　フェイススケール

を散歩した前後の顔の表情を、フェイススケールという指標を用いて測定しました。フェイススケールとは、気分・感情を「満面の笑顔」から「普通の笑顔」、そして「しかめ面」までの数段階の表情で示し評価する手法で、主に看護の分野などで会話ができない際、気分・感情を主観的に測定するスケールとして利用されています。今回は５段階の表情で判定するフェイススケールを使用しました（**図１**）。

調査は２０１３年から２０１５年に実施。患者への負担と評価の統一性を考慮し、同伴した病院職員に患者の表情を確認・記録してもらいました。また、この花畑は患者だけでなく、職員や地域の方も利用できるので、それらの方にも協力をお願いしました。

花畑の散歩で笑顔になった！

調査は３２５名（患者１７６名、病院職員・一般１４９

名）からデータが集められました。【患者】と【病院職員・一般】を合わせた全体の結果を見ると、散歩前はフェイススケールのレベルが1や2といった低い値（笑顔でない）の人が、散歩後にはフェイススケールのレベルが4や5といった高い値（笑顔である）になっています（図2）。この結果から、花畑での散歩は、人を笑顔にする力があると言えそうです。

次に、対象者（【患者】と【病院職員・一般】）と、花の種類（ヒマワリとナノハナ）による違いについて調べてみました（表1）。対象者を比較すると、【患者】の方が【病院職員・一般】よりも、花畑の散策により笑顔になる割合が有意に高くなることがわかりました。しかし、鑑賞後の平均値を見ると、【病院職員・一般】の方が【患者】よりも高い値です。つまり、【病院職員・一般】は散歩前から笑顔である割合が【患者】に比べて高いため、散歩によって新たに笑顔になった割合は低く、【患者】は散歩前に笑顔である割合が低いが、散歩により笑顔になる割合が高いため、有意な差が見られたと考えられます。

また、花の種類で比較した結果、【病院職員・一般】では有意な差が見られませんでしたが、【患者】においては有意な差が見られ、ヒマワリよりもナノハナの方が笑顔になる割合が高くなりました。ヒマワリは元気な印象を与える花であると考えられますが、季節が夏であったことから、散歩時には暑さや日差しの強さなど、植物以外の要因が表

フェイススケール値		散歩後 1	散歩後 2	散歩後 3	散歩後 4	散歩後 5	合 計
散歩前	1	−	−	1	5	3	9
	2	−	1	14	78	116	209
	3	−	2	6	62	345	415
	4	−	1	1	7	265	274
	5	−	−	−	4	35	39
合 計		0	4	22	156	764	946

明るい方へ変化　変化なし　暗い方へ変化

図2　花畑における散歩前後のフェイススケール値の変化

表1　対象者および花の種類の違いによるフェイススケールスコアの変化量

	患者 フェイススケールスコア			病院職員・一般 フェイススケールスコア		
	n	鑑賞前後変化量	鑑賞後平均値	n	鑑賞前後変化量	鑑賞後平均値
ヒマワリ	83	**+1.75(±0.96)** △△	**4.6(±0.60)**	67	**+1.35(±0.51)**	**4.93(±0.26)**
ナノハナ	93	**+2.27(±0.70)** △△ ▲▲	**4.75(±0.46)**	82	**+1.63(±0.60)**	**4.96(±0.25)**

△△ 属性間で1%正に有意　▲▲ 花の種別で1%正に有意を示す

情に大きく影響したのではないかと考えられます。

これらの結果から、花畑での散歩は笑顔を増やすことに有効であると言えます。しかし、入院患者など体調がすぐれない方に対しては、気温や日差しなどの環境要因、散歩する季節などに注意する必要があります。

あなたも知らない間に疲れで表情が曇っているかもしれません。そんな時は花をゆっくり観賞し、笑顔になって、健康を維持しましょう。

コラム❷

「病院にお見舞いに行くと
――高校生時代」

高校時代、水泳部に所属していました。高校は小高い丘の上にあり、プールの横は樹木が生い茂った自然豊かな場所でした。練習で泳いだ後は、いつもそんな樹木を見ながら日光浴をしていました。

３年生になった時、同じ水泳部で親友のＴ君が病気で入院することになりました。毎週のようにお見舞いに行っていましたが、彼はベッドに居ないことが多く、探すといつも屋上で日光浴をしていました。病室にずっと居ると息が詰まるし、水泳部で真っ黒だった肌が白くなっていくのが嫌だからと言っていました。

その頃の病院の屋上は、どこも空調の室外機が並んでいたり、洗濯物が干してあったりと、とてもゆっくり休める空間ではありません。病院の屋上にも植物がいっぱいあれば、Ｔ君はいつものプール横みたいに緑の中で休めるのになぁ、なんとかできないかなぁと高校生ながらに考えていました。

残念ながらＴ君はその後、他界してしまいました。しかし、私が研究者になり、難しい病院緑化の研究を今でも続けているのは、あの時のＴ君の姿が忘れられないからなのかもしれません。

第3章

園芸活動による健康効果

- 対象者を知ることから始めよう
- 高齢者施設における
アクティビティ・ケアとしての園芸活動
- がんの緩和ケア病棟での実践
- 病院勤務者に対する実践
- 他の療法との比較から園芸療法の特徴を知る

01

対象者を知ることから始めよう

❖園芸療法をより理解するために

草花や野菜などの園芸植物、身近にある自然や緑（植物）と関わることで健康の維持や回復を図る「園芸療法」は、これまでの研究結果から、身体的、精神的そして社会的健康の全てに有効であることがわかっています。しかし、植物業界や研究者の中にも、園芸療法を知らない人がまだまだたくさんいます。また、「園芸療法」という言葉は知っていても、その内容まで把握している人は少ないのが現状です。

園芸療法を計画・実施する際に大事なのは、対象者の身体（病状）や心の状態などを把握して、それぞれの目的に合った園芸プログラムを提供することです。例えば、ケガで入院された方へのリハビリテーションを目的とした園芸プログラムと、高齢者施設の入居者へのＱＯＬ向上を目的とした園芸プログラムでは、求められる目的・効果が異なります。また、身体の状態や心の状態も異なるため、それらを理解・把握した上での園芸プログラムの計画・実践が必要です。そこが、一般的な「園芸作業」と「園芸療法」の大きな違いです。残念ながら、高齢者や患者さんに園芸作業を提供すれば、それが「園芸療法」になると勘違いされている方も少なくありません。しかし、対象者に応じて適切な園芸プログラムを実践しないと、園芸プログラムがマイナスに働く場合もあります。

そこで、この章では私がこれまでに実施した調査・実験の結果や現場での実践経験を基に、園芸療法をさまざまな角度から解説していきます。

対象者による園芸プログラムの効果の違い

まずは対象者による園芸プログラムの効果の違いの例として、関節リウマチ患者さんに園芸プログラムを実践した際の結果について紹介します。

関節リウマチは、多発性関節炎を主症状とする慢性炎症性の全身性疾患で、体を動かすと関節が痛くなってしまいます。しかし、痛いからといって動かさずにいると筋肉がさらに固まってしまうため、適度に運動をして機能障害の進行を防ぎ、体力を維持することが求められます。そこでよく実施されているのが、関節を動かす体操（リハビリ体操）です。しかし、この体操は単調で楽しくないために、途中で止めてしまう方も多いこと

回数	内容
第1回	播種（ハツカダイコン）
第2回	播種（リーフレタス）
第3回	間引き
第4回	苔玉づくり
第5回	押し花作成、間引き
第6回	押し花で葉書、栞づくり
第7回	収穫
第8回	リース作成

表1　各回に実施した園芸プログラムの内容

が課題となっていました。

そこで私は代替プログラムとして園芸が有効なのではないかと考え、リハビリ体操で動かす腕や指の動きと同じ動作を含む園芸プログラムを計画・実施し、効果の検証を行いました。実施した園芸プログラムは、リハビリ体操の運動量や既往研究を参考に、一連の栽培作業（野菜の播種、間引き、収穫）を実施し、成長や収穫を待つ間に、植物を使ったクラフト（苔玉づくり、リースづくり、押し花づくり）を実施しました（**表1**）。評価手法にはストレスの状態を調べる唾液中コルチゾール（ストレスホルモン）と、感情の状態を調べるPOMS（感情プロフィールテスト）を用いました。これは健康な大学生にも同様のプログラムと測定を実施

写真1　リハビリ体操の様子

し、リウマチ患者さんの結果と比較することにしました。

また、園芸プログラムとリハビリ体操（**写真1**）の効果を比較するために、リハビリ体操をした後にも、同様の測定を行いました。その結果、園芸プログラム実施後の方が、リハビリ体操実施後よりもストレスホルモンの値が低下する傾向が見られました。次に感情状態の変化を比較した結果、園芸プログラム実施後の方が、リハビリ体操実施後よりも、ポジティブな感情である「活気」が有意に増加すること、さらにネガティブな感情である「抑うつ-落ち込み」が有意に減少することがわかりました。

以上の結果から、リウマチ患者さんへの園芸プログラムは、ストレス軽減効果や感情改善効果があると考えられました。

一方で健康な学生の結果を見ると、園芸プログラムとリウマチ体操の間には大きな差が見られず、どちらのプログラムでもストレス軽減効果や感情改善効果が見られました。これは健康な学生はリウマチ患者さんのような関節痛がないため、リウマチ体操が心地よい運動となり、良い結果に繋がったと考えられます。このように、同じプログラムでも対象者の心身の状態によって結果は異なるのです。

園芸プログラムがマイナスに作用することも

次に、園芸プログラムの作業内容による違いを調べるために、間引きや野菜の収穫等単純な作業（写真2）と、リースや押し花づくりなどの複雑な作業（写真3）における心理的効果を比較しました。その結果、健康な大学生には簡単な作業、複雑な作業いずれにおいても感情が改善する効果が見られましたが、リウマチ患者さんには、間引きや野菜の収穫等の単純作業でのみ感情が改善し、複雑な作業では感情状態が悪くなるケースも見られました。

この原因を調べるために、後日リウマチ患者さんにヒアリング調査を実施しました。

写真２　園芸プログラム（間引き）の様子

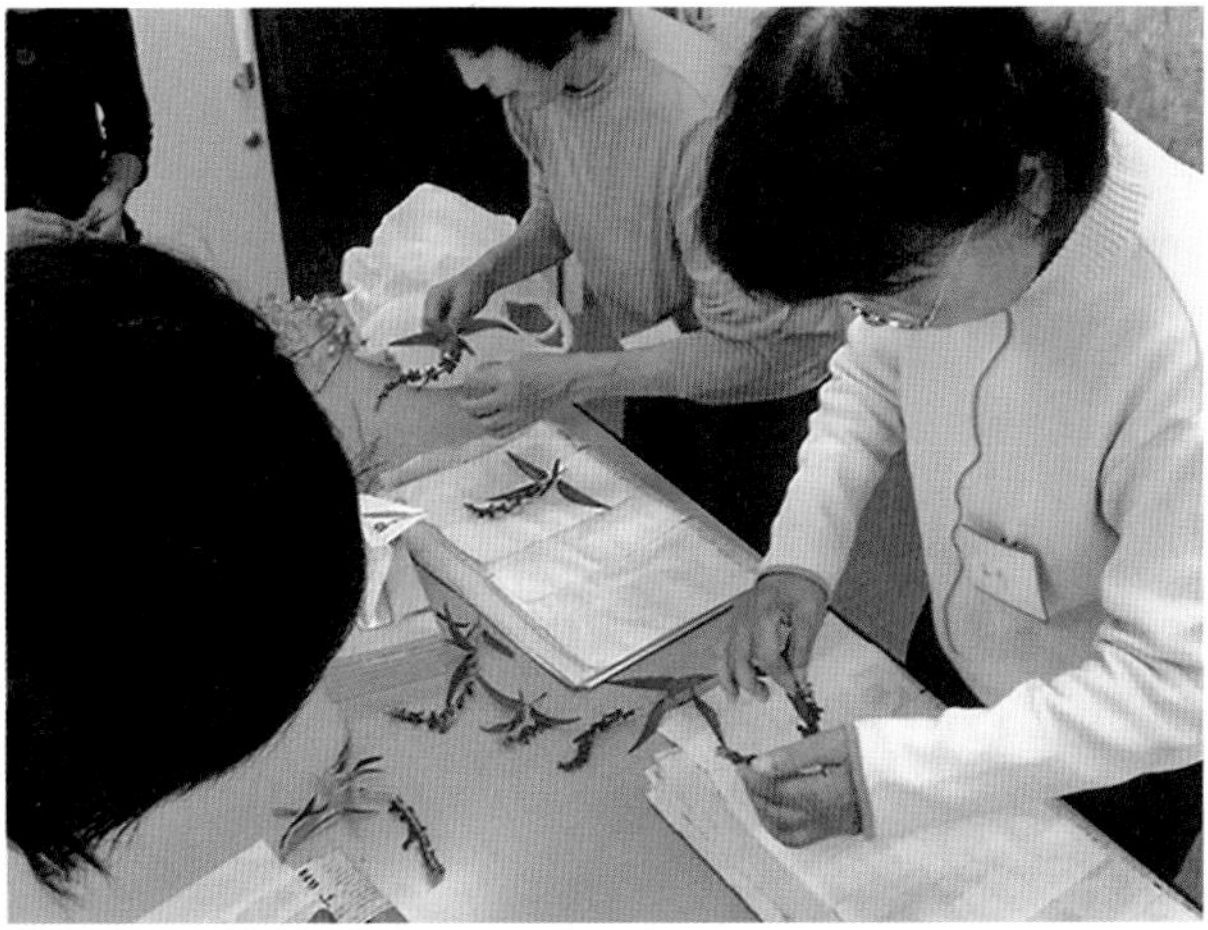

写真３　園芸プログラム（押し花づくり）の様子

すると、「押し花づくり等の複雑で細かい作業では、関節痛のため指先が思うように動かせず、良い作品ができなかった。でも、横では学生が指先を上手に使って作品を作っており、自分が病気であることを再認識して落ち込んでしまった」とのことでした。一方、間引き等の単純作業は指先での細かい調整が不要であることから、「作業中は病気のことを忘れて楽しかった」という感想や、「健康な学生と同様に作業ができて安心した」という感想がありました。

　これらの結果から、リウマチ患者さんに対する園芸療法はストレスを感じずに作業ができ、継続的かつ意欲的に取り組めると考えられ、リハビリテーションとしては有効であると言えます。しかし、指先を細かく使うような園芸プログラムでは、精神的な苦痛を与える場合があることもわかりました。よって、現場で園芸療法を実施する際は、プラスの効果だけではなく、その作業内容が相手の心身にマイナスにならないか、という視点を持って計画・実施することが重要です。よって、園芸療法を実施する前に、対象者の心と体の状態を把握・理解しておくことが必要なのです。

02

高齢者施設における アクティビティ・ケアとしての園芸活動

アクティビティ・ケアとは

超高齢化社会の現在、自宅での介護やケアには限界があるため、高齢者施設への入居やデイサービスの利用等が増加しています（**図1**）。このような施設では利用者である高齢者にプログラム（アクティビティ）が提供されています。例えば、音楽や陶芸、書道、絵手紙、映画鑑賞、麻雀など、施設によってさまざまなアクティビティが行われています。これらはいわゆる趣味活動で、純粋に楽しむことで生活の質（ＱＯＬ）の向上を目的に実施されているのですが、高齢者施設では機能訓練（リハビリテーション）や認知症予防の役割も期待されています。

このように心身の「ケア」も目的にした活動を「アクティビティ・ケア」と呼んでいます。近年では、このアクティビティ・ケアが充実しているかどうかといった点も、高

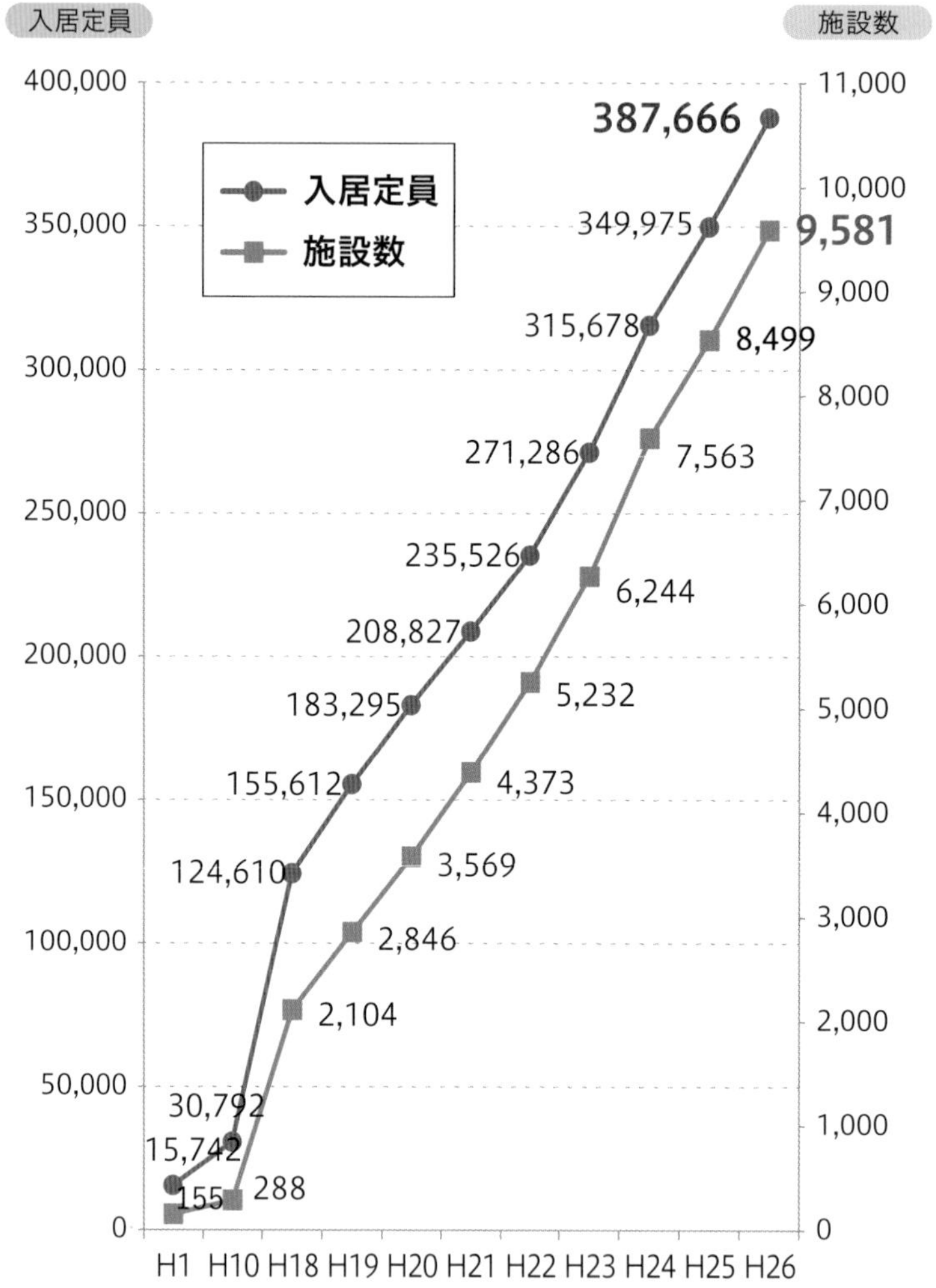

図１　有料老人ホーム数と入居定員の推移
（厚労省・老健局H27の資料より抜粋）

齢者施設選びの重要なポイントとなっており、その内容をパンフレットやウェブサイトなどに掲載している施設が増えています。

一方、総務省の調査によると、高齢者(65歳以上)の趣味の第1位は「園芸・庭いじり・ガーデニング」であると報告されています(**図2**)。一方、本書ではこれまで、植物と関わることが心身のケアに有効であると紹介してきました。これらを今の話に繋げると、高齢者施設における「園芸活動」は、趣味として楽しむ「ＱＯＬ向上」だけではなく、心身のケアを目的とした「アクティビティ・ケア」として有用なプログラムであると考えられます。

ここでは、アクティビティ・ケアを目的とした園芸活動を実際に高齢者施設で実施した際の研究結果を紹介します。

高齢者施設における園芸活動の効果

紹介するのは、東京都23区内にある介護付き有料老人ホームで実施した園芸活動です。この施設は屋上に庭園がありますが、業者が維持管理をするだけで、入居者が植物と関わることはほとんどありませんでした。そこで私の研究室が定期的に園芸活動を実施す

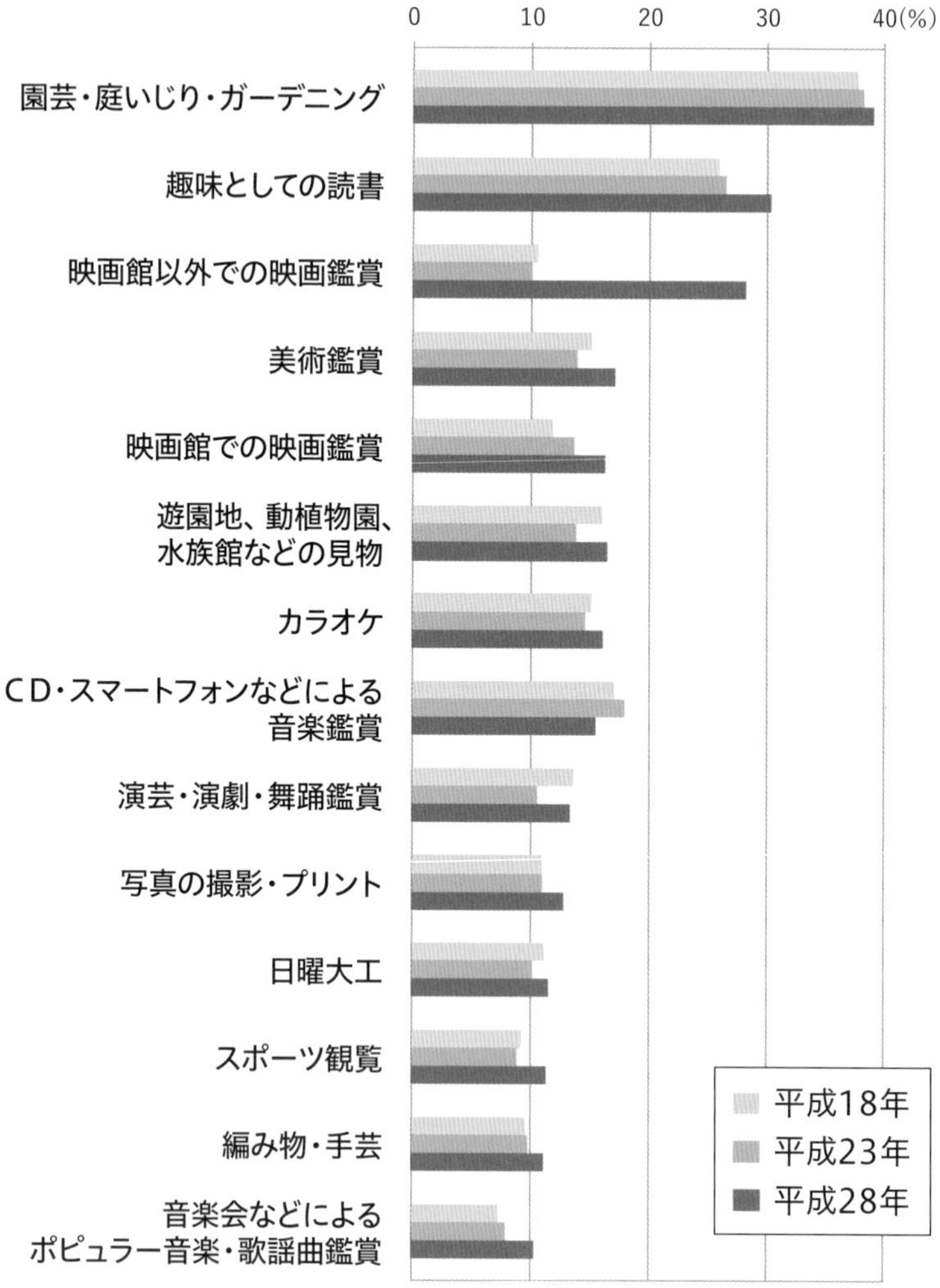

図2 「趣味・娯楽」の種類別行動者率（平成18年～28年）-65歳以上-
（総務省「社会生活基本調査」より抜粋）

ることになりました。ハンギングバスケットを用いた花の寄せ植えや、花がら摘み等の花の手入れ、レイズドベッド(植え付け部分が高い花壇)を用いた野菜の栽培等をしています**(写真1、2)**。

一般的に園芸活動による心理的効果を調べるには、ＰＯＭＳやＳＤ法等の心理調査を実施するのですが、高齢者施設では認知症の方も多いため、これらの調査ができません。そこで、他の方法として園芸活動中の発話や行動を記録することにしました。さらに、園芸活動後の効果を把握するために、施設の職員さんに活動後の発話や行動を記録してもらい、ヒアリング調査も実施しました。これらのデータをまとめ、整理した結果、高齢者施設における園芸活動の効果を大きく3つに分類することができました。

1つめは、「自然を感じる快適性」です。園芸活動中に「風が心地よい」「太陽が暖かい」という発話が多く見られました。他のアクティビティの多くは屋内で行われているため、利用者が施設外に出て自然を感じる機会は少ないのですが、園芸活動は屋外で実施することが多いため、自然を感じ、快適性に繋がったと考えられます。

2つめは、「回想法としての効果」です。園芸活動を行っていると、普段はあまり話をされないという認知症の方が「この植物、子どもの頃に家の庭に植えてあった」「この花、小学校の校庭に咲いていた」等、急に饒舌に話される場面が多々ありました。こ

写真1　車いすでの花がら摘みの様子

のように懐かしい物や映像を見て昔を思い出し、その思い出を語ることを認知症の心理療法で用いられる「回想法」と言います。回想法は脳を活性化して情緒を安定させ、これを長く続けることで認知症の進行予防やうつ状態の改善に繋がる可能性があると言われています。植物は先の発話のように、昔の記憶と繋がりやすいことから、回想法に有効なツールであると言えます。

3つめは「積極的な行動（自立性）」です。職員へのヒアリング調査の結果から、園芸活動を行った後に自分で植えた植物が気になり、「枯れていないか見に行きたい」「水やりをしたい」という発言や行動が見られることがわかりました。一

写真２　レイズドベッドを用いた野菜の栽培

般的に、施設に入った高齢者の多くは受動的になり、自分の意思で積極的に行動する「自立性」が低下してしまうのですが、園芸活動は自立性の向上に有効なのです。しかし、これは植物であれば何でも良いわけではなく、「自分で植えた植物」であることが重要です。例えば、職員や造園業者が植えた植物であれば「枯れていないか見に行きたい」「水やりをしたい」等といった発話や行動には繋がりません。自らが関わった植物であるからこそ愛着が生まれ、先のような発話や行動に繋がるのです。よって、自立性の向上は「植物」だけの効果ではなく、植物と関わる「園芸活動」の効果なのです。

　以上の結果から、園芸活動は認知症の

方が多い高齢者施設におけるアクティビティ・ケアとして有効であると言えるでしょう。

心身状態に合ったプログラムを

高齢者施設で園芸活動を実施する際には、いくつか注意点があります。例えば認知症の方が多い場合は、スタッフが目を離した時に土や植物などを口に入れてしまうことがあるため、ある程度スタッフ数を確保する必要があります。

また、高齢者施設にはさまざまな介護度の方が入居されているため、介護度に応じた園芸作業の提供や準備が必要です。例えば、車いすの方に対して実施する場合は、座ったままでも作業ができるプログラムを考え、道具を準備する必要があります。また、ご自身で歩けても、腰を曲げたり、しゃがんだりすることが難しい方も多いでしょう。そのような場合は立位のままで作業できるレイズドベッドを用意する等、健常者への園芸プログラムとは異なり、高齢者の心身の状態を把握した上で園芸プログラムを準備・提供する必要があります。

写真3　園芸活動のスタッフとして参加する学生

学生の参加で相乗効果

このように高齢者施設における園芸活動は有効なのですが、園芸活動をサポートしてくれるスタッフ数をある程度確保しなければいけません。そこで力を発揮するのが、学生ボランティアです。先に紹介した都内の高齢者施設における園芸活動には、私の研究室の学生に参加してもらいました（**写真3**）。学生が参加することは施設側へのメリットだけではなく、学生にとっては園芸療法を実際の現場で体験する機会になり、さらに祖父母と同居していない学生にとっては、高齢者と接する貴重な機会となっていました。また、高齢者にとっても、若い学生との交流は自らの知識や経験を話したり、孫を思い出して会話したりと、発話や表情にプラスに働くことがわかりました。これらは園芸に限らず他のアクティビティでも有効であると考えられます。

これからの高齢者施設は近隣の高校や大学と連携してアクティビティを展開していくことが、施設の運営としても、学校の福祉教育としても望ましいと考えています。

03 がんの緩和ケア病棟での実践

❖がんの緩和ケアに園芸療法を

がん等の治療において、これ以上治療効果が認められないと判断された場合、痛みの緩和に特化した病棟に移ることがあります。このような病棟を「緩和ケア」病棟といいます。緩和ケア病棟では痛みの緩和に加え、患者のＱＯＬ向上を目的としたアクティビティを実施しているところもあります。例えば、私がこれまでに調査した病院では、音楽療法として休憩室で定期的にピアノの演奏が行われる病棟や、ペット療法としてご自宅で飼っていた犬を病室に連れてこられる方もいらっしゃいました。

私は園芸療法も緩和ケア病棟におけるアクティビティとして有効なのではないかと考え、緩和ケア病棟で園芸プログラムを実施していました。ここではその時の様子を紹介します。

写真１　患者さんと寄せ植えの花を選んでいる様子

❖ 患者さんは「自分が関わった花」で元気に

千葉県内の病院２カ所の緩和ケア病棟において、共有空間である休憩室を借りて園芸療法を実施しました。いずれの緩和ケア病棟でも入院されている患者さんは、良くて車いすの状態で、ベッドに寝たきりの方も多くいらっしゃいました。つまり、園芸プログラムを実施している休憩室まで出てこられない方が多く、休憩室まで出てこられても、ご自身で園芸プログラムを実施できる身体の状態ではない方が多い状況でした。上手く実施できるか不安に思いながらも、準備を進めていきました。

最初に実施したプログラムは花の寄せ植

えです**（写真1）**。ご自身では作業できない方が多かったため、色とりどりの花の苗を休憩室に並べ、お好きな苗を選んでいただき、我々がポットに植えていきました。完成した寄せ植えはご自身の病室に持ち帰り、飾っていただきました。休憩室で待っていると、徐々に患者さんが顔を出してくれました。そしてきれいな花を見て、「色味のない病室にずっといるので、お花の色にとても元気をもらえます」「植えなくても良いので、お花だけ見ていって良いですか？」「自分では植えられないけど、好きな花を選ぶだけでも楽しいわ」等さまざまなお話を伺えました。また、寝たきりの患者さんで希望された方には病室に伺って、お好きな花や色などをお聞きして、こちらで作成した寄せ植えを病室にお届けしました。ご自身の好みや色を伝えるだけでも、自分が「関わった」という意識が生まれ、愛着が湧くと喜んでいただけました。

園芸療法という視点から考えると、「自分で植える」ことが大前提であると狭義に考えてしまいがちですが、「自分で植える」に繋がらなくても、花を「見るだけ」「選ぶだけ」でも、人の心に喜びや癒しを提供できるのです。このような関わり方でも、対象者によっては、十分に植物による効果を得られることを学びました。

写真2　ご家族の方への園芸療法の提供

患者さんの家族もストレス軽減

　がんに関する研究分野では、がんは患者本人だけでなく、患者の家族にも大きな精神的不安を与えることが問題となっており、がんを専門に扱う病院等では、それらを専門に扱う「精神腫瘍科」が設置されています。もちろん緩和ケア病棟でも、患者本人だけでなく、その家族のケアも重要です。

　我々が園芸プログラムを実施した際も、多くのご家族が休憩室に来られていたので、園芸プログラムに参加していただきました。例えば、切り花を用いたフラワーアレンジメントを実施した際に、ご自身がリラックスされると同時に、完成したアレンジメントをご家族の病室に飾られていました（写

写真3　病室での栽培に用いたルッコラ

真2)。参加されたご家族からは、「店で買ったのではなく私が作ったと伝えたら、とても喜ばれました」と報告していただきました。このように緩和ケア病棟における園芸プログラムは、花を贈られた患者さんに喜んでいただけるだけではなく、付き添われているご家族のストレスも緩和されると言えます。

緩和ケア病棟に適した園芸プログラムとは

園芸療法の大きな特徴の一つは、「育てる」ことです。植物の成長に触れることにより、心に大きな影響を与えるのです。私が園芸プログラムを実施した緩和ケア病棟では、平均的な入院期間が2、3週間とのことでした。そこで、短い期間でも播種から成長、収穫まで関われるルッコラやカイワレ大根などの栽培を実施しました（写真3）。その結果、植物の成長を毎日楽しみながら観察され、最終的にはご自身が食べられなくても、ご家族やお世話になった看護師さんにプレゼントされるなど、とても喜んでいただけました。

緩和ケアという特殊な環境でも、対象者の心身の状態を把握することで、効果的な園芸プログラムを提供することが可能であるとわかりました。医療の現場であることから、実施へのハードルは高いですが、植物と関わることは、緩和ケアに求められるＱＯＬの向上に繋がると考えられます。これらの結果を医療従事者に認識していただき、多くの緩和ケア病棟で園芸プログラムが実施できることを願っています。

病棟スタッフのリフレッシュにも

現場で検証するにあたり、病院の倫理審査を通すことや、病棟の看護師さんに園芸療法について理解していただくことが大変でした。そのために足繁く緩和ケア病棟のナースステーションに通ったのですが、その時に、緩和ケア病棟の看護師さんの仕事の大変さやストレスの大きさを感じました。

写真4　緩和ケア病棟看護師への園芸プログラムの実施

そこで、緩和ケア病棟の看護師さんのストレスを少しでも緩和したいと園芸プログラムを実施しました（写真4）。すると、少ない休憩時間に多くの看護師さんが参加してくれて、「土に触れて、とても癒されました」「患者さんにもすすめたい」などの声が上がるほど、とても良い評価が得られました。

病院スタッフが元気であってこそ、患者さんに良いケアが提供できると考えられます。そこで、さまざまな病院で園芸療法を実施してきました。次では、精神科病院に勤務するスタッフを対象に園芸プログラムを実施した結果を紹介します。

04

病院勤務者に対する実践

病院勤務者のストレス

勤務者にメンタルヘルス不調者が増加したことから、平成27年に労働安全衛生法が改正され、職場におけるストレスチェックが義務化されました。しかし、この義務化によって逆に忙しくなってしまう「勤務者」がいます。それが先にご紹介した医療分野の「勤務者」です。医療分野の勤務者は他の分野と比べてメンタルヘルス不調者の割合が高いと言われ、特に病院勤務者は、仕事内容や不規則な勤務形態も影響し、ストレスが高いと考えられます。

ここまで紹介してきたように、園芸療法など植物と関わるプログラムはストレス緩和に有効です。しかし、これまでの病院における園芸療法は、患者を対象とした実践や研究が多く、看護師や医師、療法士、職員といった病院勤務者を対象にした実践や研究はほとんどありません。

そこで、私は病院勤務者を対象に園芸プログラムを提供し、その心理的効果について検証することにしました。

病院勤務者への園芸プログラム

病院といってもさまざまなタイプがありますが、今回は精神的健康度が非常に低いと報告されている、精神科病院の勤務者を対象にした結果を紹介します。

実験に協力していただいたのは千葉県内にあるA精神科病院です。この病院の勤務者を対象に1カ月間毎週1回、計4回の園芸プログラムを実施しました。心理的な効果を検証するために、園芸プログラムの前後で感情状態を測定するＰＯＭＳ（感情プロフィール検査）を実施しました。職種は特に限定せず、医師、看護師、検査技師、療法士、事務職員など、病院で勤務している全ての方を対象にしました。最終的に計4回のプログラムに、20～50代の病院勤務者のべ26名（男性11名、女性15名）に参加していただきました。実施した園芸プログラムは、野菜の栽培のように播種から間引き、収穫まで長期的に関わる「継続タイプ」の活動である「小松菜の栽培」と、フラワーアレンジメントのように1回で完結する「単発タイプ」の活動として、毎回内容の異なる「園芸クラフ

図1　病院勤務者への園芸活動プログラム実施の様子

ト」を実施しました（図1）。被験者の病院職員には毎回、両タイプのプログラムに参加してもらいました。

今回注意した点は、園芸プログラムを実施する時間帯です。病院勤務者は同じ職種であっても休憩時間が異なるほか、急患などで呼び出される場合も考えられるため、通常の園芸プログラムのように全員が決まった時間に集まって実施するということができないと考えられました。そこで職員の皆さんが無理なく参加できるように、「17時から20時までの間、ずっと待機しておりますので、いつでも手の空いた時にお越しいただき、園芸プログラムに参加してください」と伝えました。こうして毎回20人前後の方に参加していただき、データを取ることができました。

心理的効果とコミュニケーションの場

図2に、第1回から第4回までの園芸プログラム実施前後におけるＰＯＭＳのＴ得点値を示しました。橙色で示したポジティブな感情である「活気」は、4回とも園芸プログラム後に増加する傾向がありましたが、統計的に有意な差は見られませんでした。しかし、青色で示したネガティブな感情である「緊張-不安」「抑うつ-落ち込み」「怒り

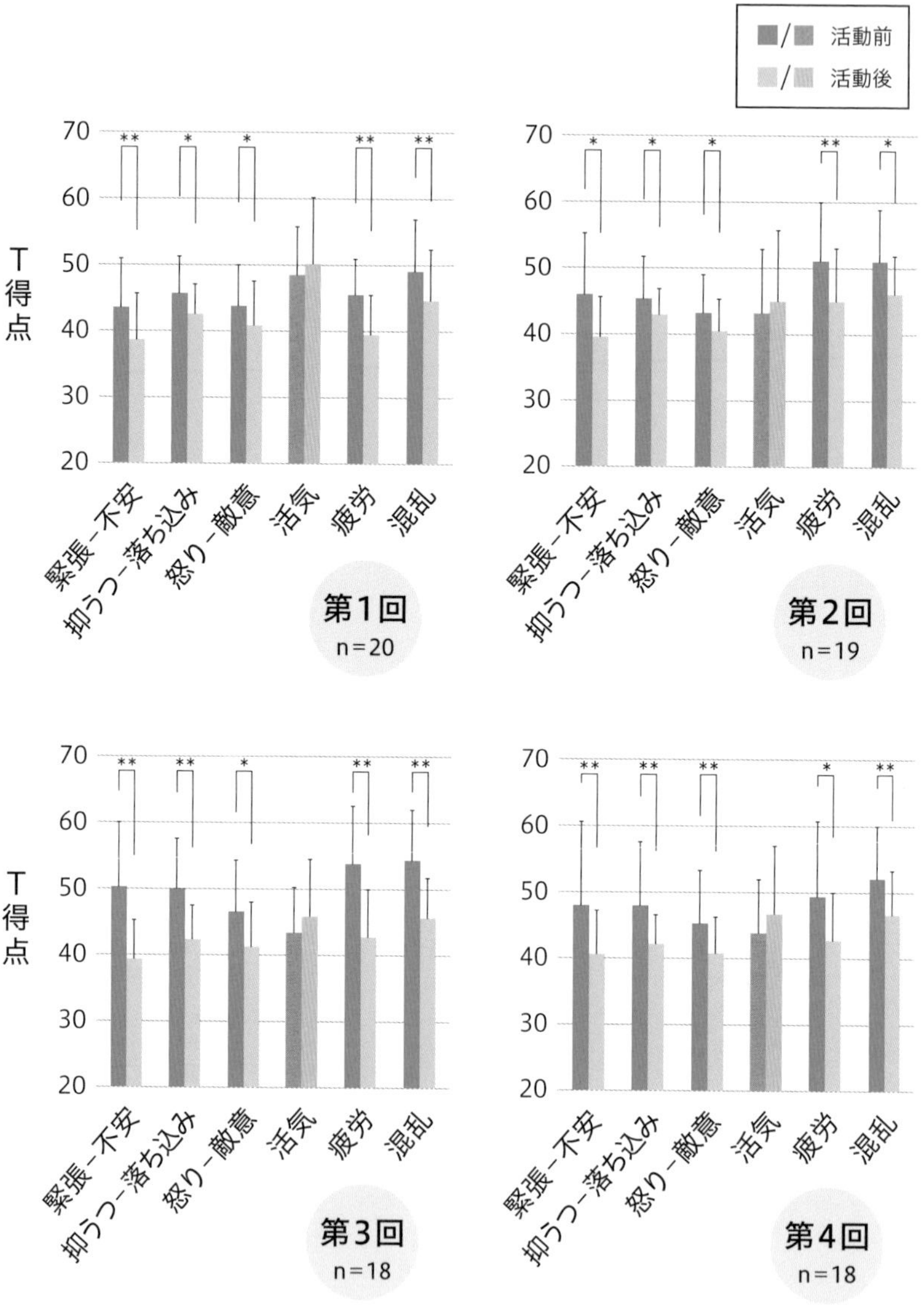

ウィルコクソンの符号付順位検定　*P<0.05, **<0.01

図2　園芸プログラム前後における感情状態（POMS T得点）の変化

「敵意」「疲労」「混乱」の5項目は、全ての回において園芸プログラム後に有意に減少していました。よって、園芸プログラムは病院勤務者の気分改善や精神的疲労の軽減に有用であると言えそうです。

また、全てのプログラム終了後にヒアリング調査をした結果、「参加者同士の会話が楽しかった」「違う職種やフロアの人と話す機会ができた」という意見が多く、園芸プログラムがコミュニケーションツールとして機能していることがわかりました。また、継続的プログラムである「小松菜の栽培」では、「育つ過程が可愛いと感じた」など植物の成長を楽しんだ意見が多く、園芸プログラムに継続して参加する意欲に繋がっていたようです。単発プログラムである「園芸クラフト」では、「気分転換になった」「没頭でき、仕事のことを忘れられる楽しい時間が過ごせた」といった気分改善効果だけでなく、「園芸といえば栽培しか思いつかなかったが、植物を用いたクラフトも楽しめることに気付いた」「患者へのリハビリにも取り入れたい」などの気付きや仕事への展開にも繋がる意見があがりました。

患者のために病院勤務者を健康にする！

病院の本来の目的は患者の治療やケアにあります。そのため、従来の病院における園芸療法は患者を対象としたプログラムがほとんどでした。しかし、治療やケアをする立場である病院勤務者の心身が健康でなければ、患者へのケアが十分に行えないのではないでしょうか。

紹介したように、病院勤務者に対して園芸プログラムを提供し、病院勤務者の心身を良好な状態にすることで、万全な状態で患者への治療やケアに取り組むことができると考えられます。つまり、病院勤務者への園芸プログラムは、「間接的に」患者に対しても良い影響を与えると言えます。

これからの病院における園芸療法は、患者と病院勤務者、双方の心身の健康のためにも、直接患者に園芸を提供するだけでなく、患者に関わる周りの人々にも園芸を提供する「間接的園芸療法」を同時に進める必要があると考えています。

05 他の療法との比較から園芸療法の特徴を知る

園芸療法の特徴を知るために

　園芸療法をより効果的に活用するには、園芸療法の特徴を知る必要があります。現在、園芸療法のほかにも音楽療法、芸術療法など、いわゆる補完・代替療法と呼ばれる療法がさまざまあります。園芸療法と他の療法との違いを把握・理解すると、園芸療法はどのような特徴を持っているのかが見えてきます。

　ここでは、多くの方が体感していると考えられる「ペット療法」を取り上げ、比較することで、園芸療法の特徴をまとめます。

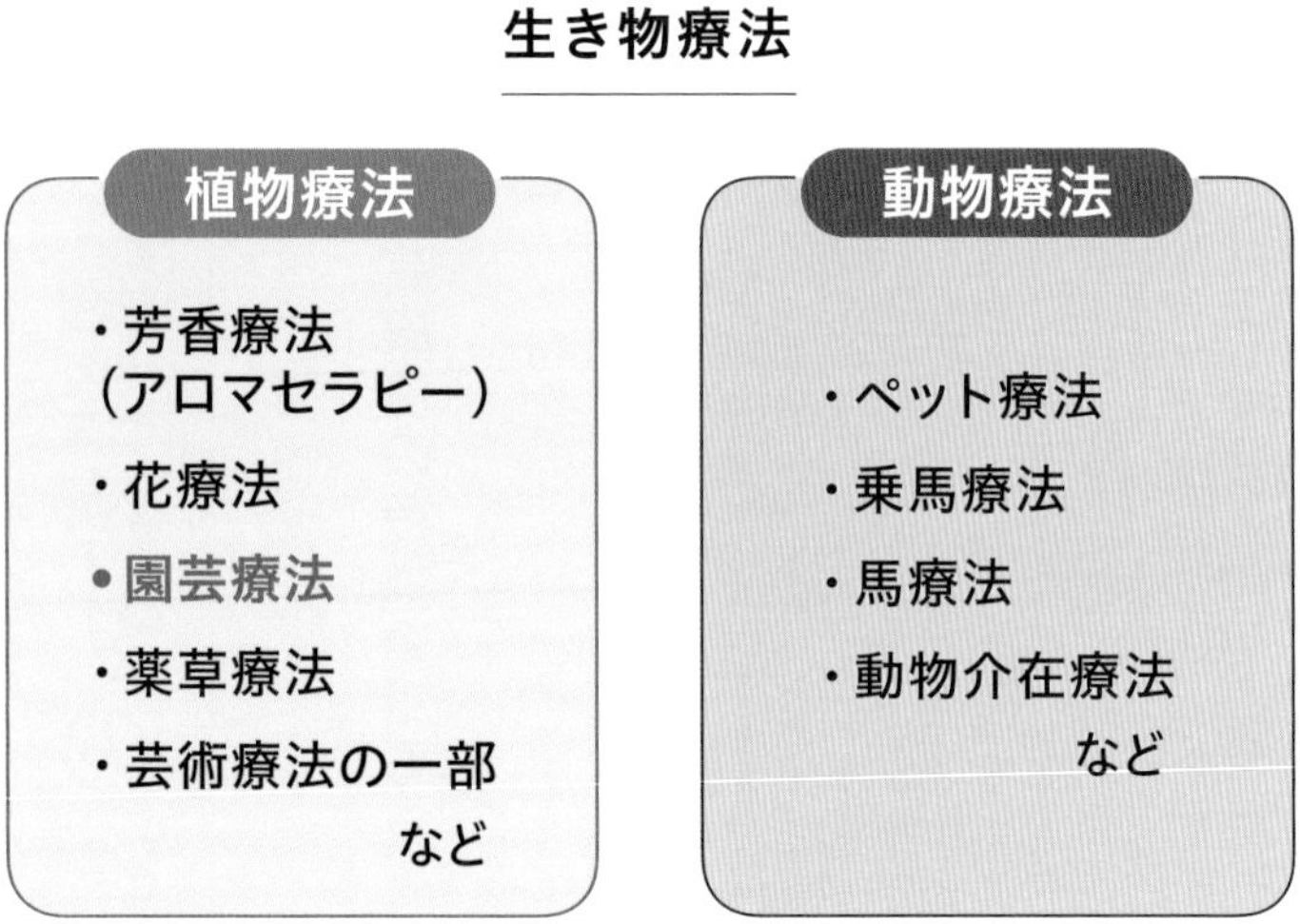

図1　生き物療法における園芸療法およびペット療法の位置づけ

園芸療法とペット療法の位置づけ

「園芸療法」と「ペット療法」は、全く異なる療法ではありますが、どちらも同じ「生き物療法」の中に位置づけられます(図1)。「生き物療法」は大きく、植物を扱う「植物療法」と、動物を扱う「動物療法」の2つに分けられます。「植物療法」の中には「園芸療法」の他にも、植物の香りを用いた「芳香療法(アロマセラピー)」や、花の形や色を用いた「花療法」、薬草を活用した「薬草療法」、さらに植物や果物等の写生や、自然の風景画等植物を題材に用いた「芸術療法」の一部等も「植物療法」の一環と考えられています。

一方、「動物療法」には「ペット療法」の他に、「乗馬療法」のようなリハビリテーションや、馬に触れてメンタルケアをする「馬療法」があります。また、馬以外の動物セラピーは「動物介在療法」と呼ばれています。

ペット療法の特徴

まずは「ペット療法」の特徴について考えてみましょう。例えばイヌを飼っている場合、帰宅したら尻尾を振って出迎えたり、名前を呼んだら近寄ってきたりします。このように行動に対してすぐに反応してくれると、こちらも嬉しくなったり、癒されたりしますよね。

一方、「園芸療法」の場合はどうでしょうか。例えば、家に帰ったら育てている花が鉢ごと移動して出迎えたり、名前を呼ぶと葉っぱを振って反応したり…なんてことはありませんよね？　あったら癒されるどころか、逆にちょっと怖くなってしまいます。

このように、ペットは能動的な動きがあり、こちらの行動にすぐに反応することから即効性があり、深く癒される療法であると言えます。

しかし、良いことばかりではありません。家族のように、より近い存在になるため、亡くなったときの悲しみもより大きくなってしまいます。いわゆる「ペットロス」です。例えば、亡くなった後も長期間落ち込んで仕事が手に付かなかったり、二度と同じ悲しみを味わいたくないからペットを飼わなくなったり、いつまでも昔飼っていたペットの写真を持ち歩いたり、携帯電話の待ち受け画面にしていたりする人が身近にいるかと思います。このように、「ペット療法」は深く癒してくれる反面、失った際の傷も深くなってしまうという特徴があるのです。

園芸療法など植物を扱う療法の特徴

それでは園芸療法など植物を扱う療法にはどのような特徴があるでしょうか。その一つは、「関わる距離感」を自分でコントロールできることです。たくさん植物と関わりたいと思えば、水やりや剪定、施肥など、世話を積極的に行えば距離感が近くなります。逆に距離をおきたいと思えば、自分の気が向いたときに手をかければ良いのです。また、ちゃんと手をかければ、発芽・成長・開花・結実と、ペットのような即効性はありませんが、緩やかに、しかし確実に反応してくれることも植物の大きな特徴です。

さらに、ペットのように距離が近くなり過ぎないことから、「ペットロス」のような深刻な問題にはならないかと思います。例えば植物が枯れてしまっても、何日間も泣くほど悲しむ人は少ないのではないでしょうか。それよりも、何故枯れたのかな？　水をやりすぎた？　肥料が少ない？　など、どうすれば上手く育てられるかといった、前向きに次への課題を考える場合が多いのではないでしょうか。このように「園芸療法」は、ペット療法ほど心の距離は近くならないものの、失ったときの痛手もペット療法ほど大きくはありません。そう考えると、植物を扱う療法は、ペットなど動物を扱う療法よりも、比較的手軽に始められるのではないかと思います。

対象者のニーズ、特性に合わせた療法を選ぶ

園芸の持つ「ゆっくり、自分の距離感で」という特徴を活かした事例を紹介しましょう。以前、回復期の精神障害者への社会復帰支援を行っているＮＰＯと共に、社会復帰支援の一つの方法として園芸療法を実施しました。そのＮＰＯでは、コミュニケーション能力を身につけることを目的とした「パンの対面販売」等が行われていました。しかし、参加者の中には人と上手くコミュニケーションが取れず、対面販売活動に参加できない方も多くいました。

写真1　回復期精神障害者に対する園芸活動の様子

写真2　園芸活動時に会話する様子

そこで、大学生と一緒に畑を開墾し、野菜や花を育てる園芸活動を導入しました(**写真1**)。その結果、たくさん世話をしたい時は毎日のように畑へ行って世話をし、気分が乗らない日は休むなど、自分の距離感で関われることから畑が安心できる空間となり、最初は大学生と上手く話ができなかった人も、最終的には自然と作業をしながら会話できるようになりました(**写真2**)。これは、社会復帰に必要な自主性やコミュニケーションといった要素が、園芸によって補完された事例と言えます。

「ペット療法」と「園芸療法」それぞれの特徴を考えると、「すぐに、深く癒されたい」場合は「ペット療法」が、「ゆっくり、自分の距離間で癒されたい」場合は「園芸療法」が適していると言えます。よって、どちらが良い悪いではなく、対象者のニーズや特性に合わせた療法を選ぶことが大事です。そのためには、園芸療法以外のさまざまな療法についても特徴を知っておくことが必要なのです。

コラム❸

「山でお弁当を食べると
――大学院生時代」

大学時代は林学を専攻し、岡山の大学院に進んでからは、マツ枯れ被害林の研究をしていました。大学院生時代、昼間は山で調査をし、夜は研究室でデータ整理や論文を執筆するという生活で、かなり疲れやストレスが溜まっていました。当時から森林浴という言葉はありましたが、私が調査しているようなマツが枯れた雑木林には、癒し効果はないと思っていました。

そんなある日、調査に出る前に大学で昼食をとる時間が無かったため、弁当を買って山に入りました。いつもは調査として入っていた山ですが、その日は食事をするために座って静かに周りを見渡してみました。すると、今までとは違う感覚に包まれました。風に葉が揺れる音、植物の鮮やかな緑色、そして土や葉の香りなどを感じ、とても癒されたのです。何故このように感じるのだろうかと、大学に戻って急いで文献を調べましたが、その当時はまだ十分な検証がされていませんでした。

この効果を調べて、多くの人に緑の心地良さを体感してほしいと思いました。そして、博士号を取得した後、本格的に植物の健康効果について研究を始めることになったのです。

第4章

植物の健康効果を活用した地域ケア

- 緑を地域ケアに活かす
  ―園芸療法と訪問看護を融合させた訪問園芸―
- 公園浴 ―身近な緑を上手に使う―
- 緑と運動 ―「癒し」だけじゃない緑の効果―
- 「摘んで良い花壇」を活用したコミュニティケア
- 自然観察と健康プログラムとの
  連携イベントによる効果
- ハーブの健康効果を活用した都市公園へ
- 高速道路サービスエリアにおける緑の利用

01

緑を地域ケアに活かす
―園芸療法と訪問看護を融合させた訪問園芸―

緑を活用した地域ケア

厚生労働省は２０１５年に「保健医療２０３５」を発表し、２０３５年までに健康先進国を目指したパラダイムシフトの提言を行っています。この提言の中のさまざまな項目の一つに「『キュア』から『ケア』へ」という項目が含まれており、これは病院での治療（キュア）から自宅や地域での療養（ケア）に移行することを意味しています。

このように地域の高齢者の健康状態をチェックし、支援するのは看護分野の方々の仕事ですが、現在、地域の保健師不足や超過勤務などによる活動の限界も危惧されています。さらに今後、超高齢化が予想されるため、地域における高齢者の健康をサポートする役割（地域高齢者ケア）は、看護分野以外の専門領域でも必要になると考えられます。

そこで考えたのが、地域の緑をケアのツールとして活用し、健康支援を行う「緑を活用した地域ケア」です。この章では、私がこれまで取り組んできた「緑を活用した地域ケア」を紹介します。

❖ 園芸療法と訪問看護を融合させた「訪問園芸」

内閣府の調べでは、２０１９年に高齢化率は28・４％、一人暮らし高齢者の割合は20％を超え、高齢者の孤立が大きな問題となっています。このような一人暮らしの高齢者宅を訪ねて健康状態をチェックするのが、「訪問看護」です。しかし、先に述べたように高齢者は増加していますが、ケアを実践する側の人手が十分ではありません。

そこで考えたのが、「訪問看護」の概念に「園芸療法」の内容を融合させた「訪問園芸」です。これは園芸を活用した地域ケアの一環として、学生が庭のある高齢者の個人宅に訪問し、庭の手入れを通じて高齢者とコミュニケーションをとり、高齢者の心身の状態をチェックするシステムです（**図1**）。訪問看護の「個々の高齢者宅を訪れる」というシステムを参考に、園芸療法の有効な武器である「コミュニケーションツール」としての機能を利用したものです。２０１１年から千葉県松戸市の大学周辺地域を対象に実施しています※。

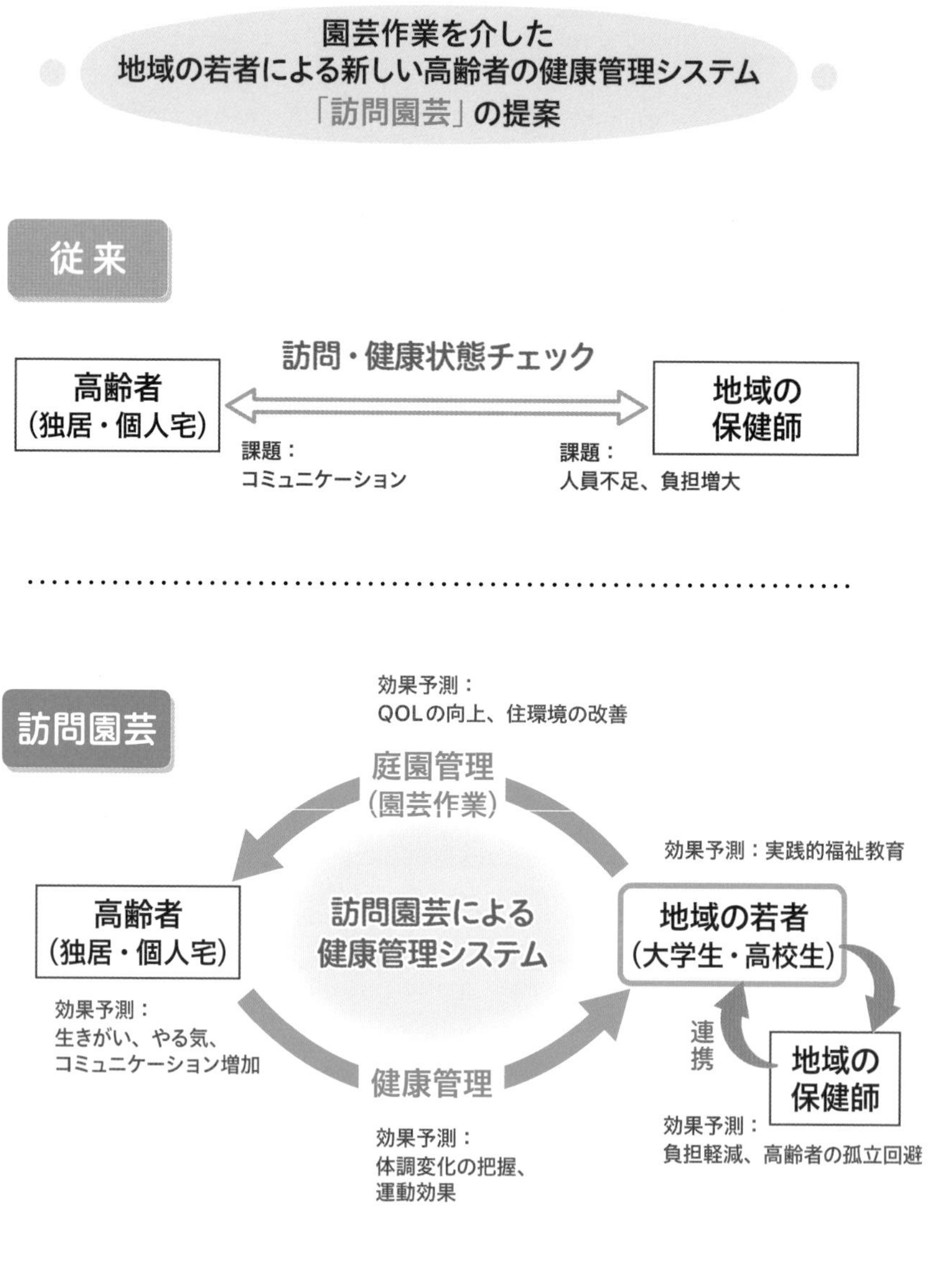

図1　「訪問園芸」による高齢者の健康管理システム

訪問園芸、3つのポイント

訪問園芸を実施するにあたり、注意した点が3つあります。

1つは「学生が主役」の活動にすることです。これまでの経験から、高齢者の方は専門家や教員といった肩書きの人が相手であると受け身になりやすく、なかなか自発的な発言や行動に結びつかないことが多く見られました。対して相手が学生であると、「人生の先輩として教えてあげよう」という意識が芽生え、能動的な発話や行動に結びつくのです。よって、学生が個人宅に出向き、庭の手入れや高齢者との会話を楽しむことを訪問園芸の基本としました。

写真１　高齢者宅における作業の様子

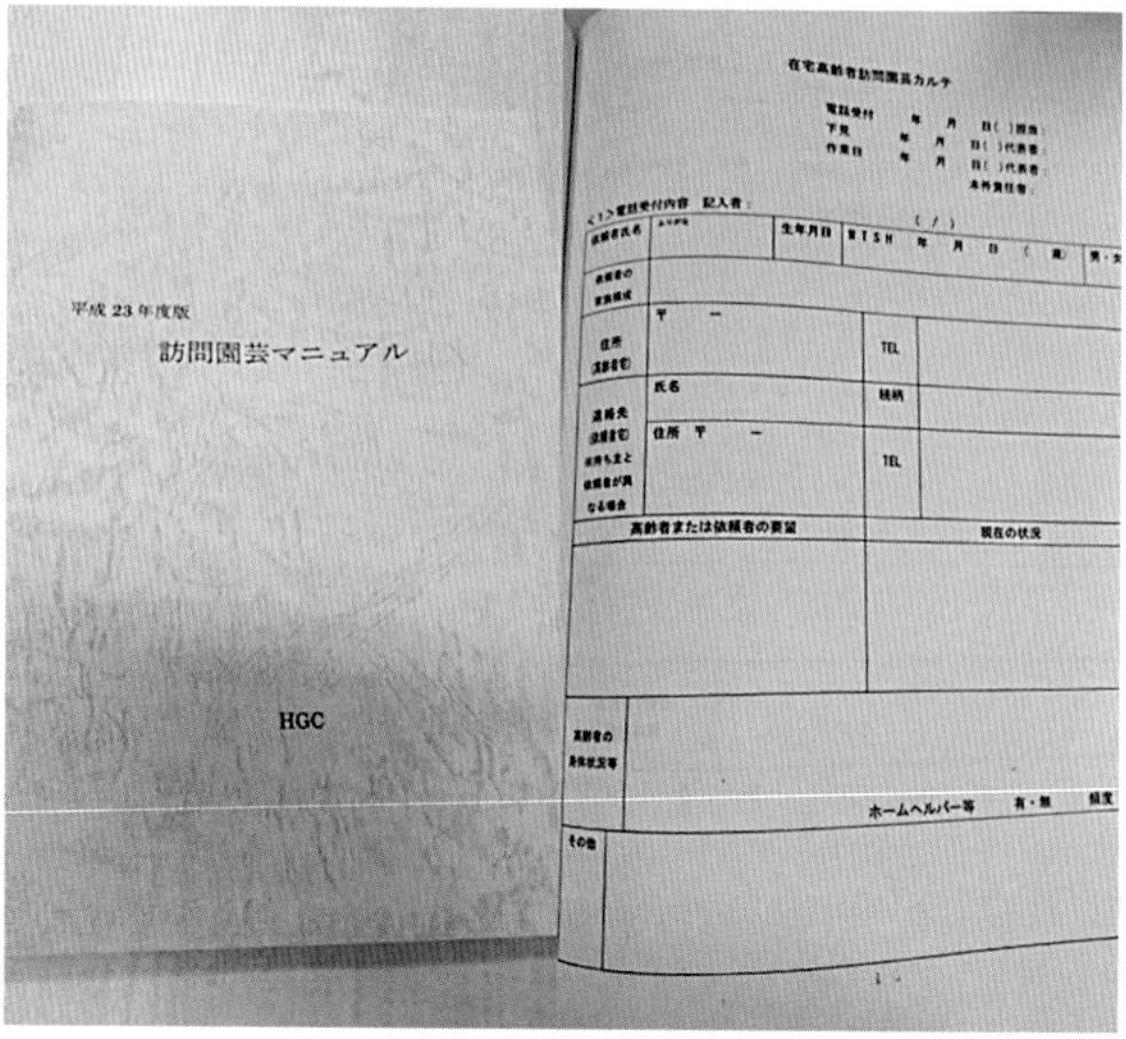

写真２　作成した訪問園芸マニュアル

次に注意したのは、「本格的な造園管理はしない」ことです。庭の手入れといっても誰でもできるような簡単な作業から、造園業者に依頼するような本格的な作業まであります。訪問園芸で実施する園芸作業は、足腰が元気な時は自分でできていた「雑草の駆除」や「落ち葉かき」等、業者にお願いするほどではない簡単なレベルの作業としました(**写真１**)。これは基本的に無償のボランティアで実施していることや、庭園管理を業務とされている造園・園芸業の方々に迷惑をかけないためです。

最後に、「訪問園芸マニュアルを作る」ことです。学生なので、いずれは卒業します。マニュアルがあれば、後輩への引き継ぎが簡単になります。また、ボランティアとはいえ、学生自身も高齢者とどのように接すれば良いのか不安だろうと考えました。そこで、訪問時に必要なマナーや高齢者の心身に関する基本的な情報、注意点等を記載した「訪問園芸マニュアル」を作成し、これらの基本内容を共有したうえで訪問しました。

このマニュアルには、訪問した際に会話した内容や高齢者の体の状態等、気になったことを記入してもらいました(写真2)。この記録を地域の保健師さんと共有することで、園芸という看護分野以外の専門分野でも、地域ケアの一端を担えると考えました。

園芸の「継続する」特徴を活かす

Aさん宅で実施した訪問園芸活動を紹介します。

Aさんは訪問園芸活動を始めた頃に、こちらからお願いして協力していただいた方でした。なので、最初は活動にあまり関心がない様子で、学生との会話も挨拶程度、学生が庭で手入れをしていても、ご本人は家の中から窓越しに作業を眺めているだけでした。それが何度か訪問する間に徐々に会話が増え、学生と仲良くなり、いつの間にかご自身も庭に出て一緒に作業されるようになりました。その後はお茶やお菓子まで用意して、

写真3　高齢者宅でのコミュニケーションの様子

自分の孫のように学生が来るのを心待ちにしていただけるようになりました（写真3）。

このように、継続して通うことがコミュニケーションを円滑にする重要なポイントですが、この「継続すること」が園芸活動ならではの特徴なのです。庭の植物は日々成長しますし、雑草も生えます。そのため、園芸活動は1回限りで終わることはなく、次に訪問する理由やきっかけになるのです。

学生への効果――実践的な福祉教育

植物を介して継続的に高齢者と関わることで、学生と高齢者との距離感が近くなりました。その結果、学生は高齢者の心身の状態を把握できるようになってきました。

例えば「前回までは一緒に作業していたのに、最近は腰の調子が悪いらしく、今回は軒先に座って指示を出すだけだった」といった体の不調に気付くことや、「(学生と)同じくらいの年齢の孫がいて離れて暮らしているが、たまには顔が見たいと悲しい顔をされた」といった一人暮らしの高齢者の心情を知るようになりました。

このように、訪問園芸活動は高齢者にとって有効なプログラムであるだけではなく、参加した学生の高齢者理解に繋がる、座学では学べない実践的な福祉教育としても有効であると言えます。

※注：訪問園芸活動はＣＯＶＩＤ-19の感染拡大により、現在、実施を見合わせています。

02 公園浴 ―身近な緑を上手に使う―

森林浴はなぜ健康に良いのか

これまで植物との関わりによる健康効果は、緑の豊かな森林を散策する森林浴などが一般的に知られていました。「森林浴」という言葉は１９８２年に当時の林野庁長官によって提唱された言葉で、森林を従来の木材生産の場だけではなく、健康や保養の場としても利用しようという内容でした。実際にハイキングや山登りなど森林を散策すると、心地良い疲労と共に心身がリフレッシュされた経験がある人も多いかと思います。

森林浴が体に良い理由の一つに「フィトンチッド」が挙げられます。フィトンチッドとは、植物が空気中に放出する揮発成分の総称です。フィトンチッドを浴びることで自律神経が安定したり、免疫機能が高まったりする効果があると報告されています。また、フィトンチッドには殺菌や消臭効果もあるのです。「森の空気がおいしい」と感じる要因の一つです。

森林浴は「嗅覚」で感じるフィトンチッドだけではなく、「視覚」で感じる新緑の色、紅葉のグラデーション、葉や樹形、「聴覚」で感じる水の流れる音や風で葉が揺れる音、落ち葉を踏む音、「味覚」で感じる木の実やキノコ、「触覚」で感じる樹皮のゴツゴツした肌触りや葉の柔らかい触感等五感で感じられます。我々は全身で森林を感じることで、健康効果を得ているのです。

森林浴から森林セラピーへ

森林浴という言葉が生まれた後、森林を利用することによる心身への効果が科学的に検証されてきました。その結果、近年では「森林浴」から「森林セラピー」と呼ばれるようになりました。さらに、その効果を体感できる森林セラピー基地の認定がすすみ、現在では全国に60カ所以上設置されています。この森林セラピー基地の1つである東京都奥多摩町で実施した、森林散策の心理的効果についての実験結果を紹介しましょう（**写真1**）。

この研究では40代から70代の男女に対し、森林散策プログラムを実施し、その前後で6つの感情状態「緊張‐不安」「抑うつ‐落ち込み」「怒り‐敵意」「活気」「疲労」「混乱」

写真1
森林散策の様子
（東京都奥多摩町）

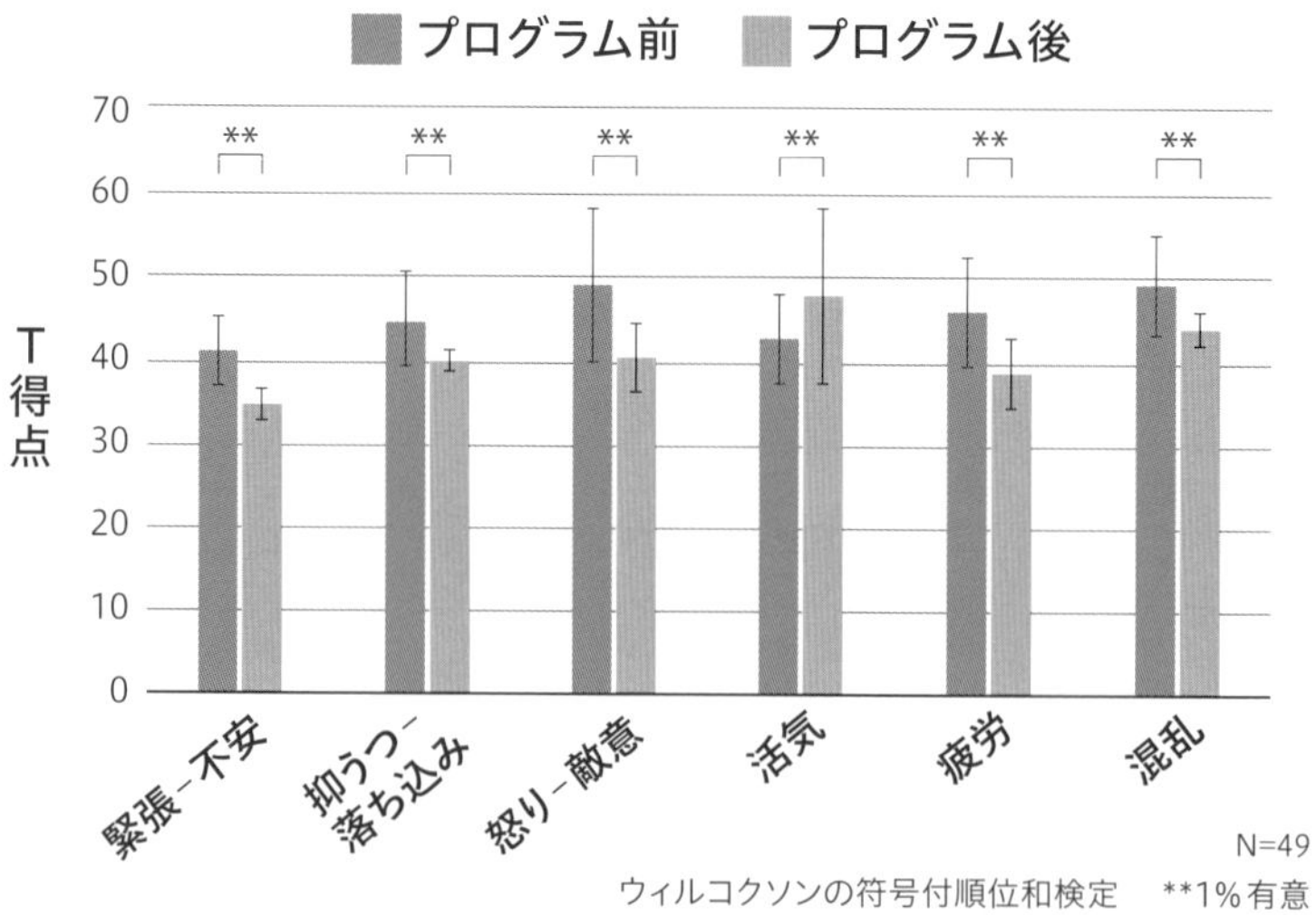

図1　森林散策プログラム前後の感情状態の変化（POMS　T得点）

について調べることができるPOMS短縮版の測定を行いました。その結果、散策前に比べて散策後ではポジティブな感情である「活気」が上がり、ネガティブな感情である「緊張‐不安」「抑うつ‐落ち込み」「怒り‐敵意」「疲労」「混乱」の5項目が有意に低下することがわかりました（図1）。

以上から、森林散策はメンタルケアに有効であると考えられます。オフィスの個人デスクへの植物設置に加え、定期的に森林を散策するなど、ドイツの事例のように、スタッフが大自然に触れる機会を企業側が積極的に導入することも、メンタルヘルス対策として有効だと考えられます（52ページ、1章カルテ06）。

身近な緑を活用した「公園セラピー」

このような森林セラピーの効果が必要な人は、緑に触れる機会が少なく、ストレッサーの多い都市で生活している人たちではないでしょうか。森林セラピーの効果を維持するには、定期的に森林に行くと良いと言われていますが、都市生活者にとって森林までの距離は遠く、電車や車での移動も長時間になるため、疲労を伴い、頻繁に利用できる場であるとは言い難いでしょう。そこで私は、身近な緑環境にも森林と同様の効果があれば、多くの人が日常的に緑の効果が得られるのではないかと考え、都市生活者の身近な緑環境である「都市公園」に着目し、ストレス緩和効果実験を行いました。

都市公園に植栽されたクスノキの揮発成分を抽出し、その揮発成分がある部屋と、ない部屋を用意しました。各部屋で被験者にクレペリンテストを実施してストレスを加え、ストレス負荷前後のストレスホルモン（唾液中コルチゾール）の変化を調べました。その結果、クスノキの揮発成分がない部屋ではクレペリンテストによるストレス状態が続くのに対し、揮発成分のある部屋ではストレスホルモン濃度が低下し、ストレスが緩和することがわかりました。このように、都市公園に植栽された樹木でもストレスを緩和する効果があることが確認されました。

また、都市公園の緑に対する視覚的効果も調べました。具体的には同じ都市景観でも道路やビル群のみで「緑が見えない都市景観」と、都市公園や街路樹のような「緑が見える都市景観」を見たときのストレスホルモンを調べました（**写真2**）。その結果、「緑が見える都市景観」の方がストレス緩和効果があることがわかりました。

写真2
実験で使用した緑が見えない都市景観（上）と緑が見える都市景観（右）

公園の散歩で健康に

都市公園のように身近な緑環境でもストレス緩和効果があることがわかりました。しかし、公園でただ座っているだけで良いのでしょうか。公園の利用方法と健康効果の関係を明らかにするために、我々の研究グループでは東京都内の６つの都市公園を対象に、オンラインアンケート調査を実施し、近隣住民の公園の利用内容と、公園環境、利用者の属性、健康状態との関係性等について検証しました。その結果、公園における利用行動と利用者の健康状態の間には有意な差が見られ、都市公園における「散歩」や「自然観察」「会話」といった利用行動が利用者の健康状態に寄与することがわかりました。

しかし、忙しくてゆっくり公園を散歩する時間もない方も多いのではないでしょうか。そんなときは、例えば通勤通学の際に少し遠回りして都市公園を通るなど、日常的に緑と接することが可能です。また、森林での散策が難しい車いすの方やベビーカーのお子さんがいる方でも、都市公園であればバリアフリーの整備やトイレの設置なども進んでいるため、森林よりも気軽に、そして安心して利用できます。

ライフスタイルに合わせて緑のセラピーを使い分ける

都市公園の緑でもセラピー効果はありますが、やはり森林にはたくさんの魅力があります。遠い場所に行くのは時間もかかり、面倒ですが、普段の環境と異なる環境に身を置くことでリフレッシュする「転地療法」の効果もあります。また都市公園よりも植物、動物、昆虫などの種類が多く、豊かな自然に触れられます。自分の求める目的に応じて緑のセラピーを使い分けてみてはいかがでしょうか。

例えば、都市で生活する働き盛りのサラリーマンの場合、普段の通勤時や休日は身近な都市公園を利用することで日常的に緑と関わり、日々のストレスを軽減し、少し長期の休暇が取れた際には、ちょっと遠方の森林等自然豊かな環境に身を置き、非日常的な空間でゆっくり緑と関わり、基本的な体調を整える。このようなスタイルが、無理をせず、自分のライフスタイルに合わせた、上手な緑との関わり方なのではないでしょうか。

ぜひ、自分のライフスタイルに合わせて、緑のセラピーを使い分けてみてください。

03

緑と運動
―「癒し」だけじゃない緑の効果―

緑地空間における運動

厚生労働省が推進する「健康日本21（第二次）」には生活習慣病の予防やＱＯＬの向上などの観点から身体活動・運動が重要であるという内容に加え、身体活動や運動に取り組みやすい環境の整備も重要であると書かれています。今後も運動に対する関心とともに、運動をする場・環境についても関心が高くなると考えられます。

私は以前から癒しの場だけでなく、運動の場としての緑地空間の効果についても研究を進めてきました。一般的に緑や自然が人に与える効果というと、多くの方が「癒し」の効果をイメージされるのではないでしょうか。緑と人の健康に関する研究は、リラックス効果やストレス緩和効果といった精神的効果に関する研究が多く、運動に関する研究は少ないのが現状です。

そこで、ここでは緑と運動の関係について紹介します。

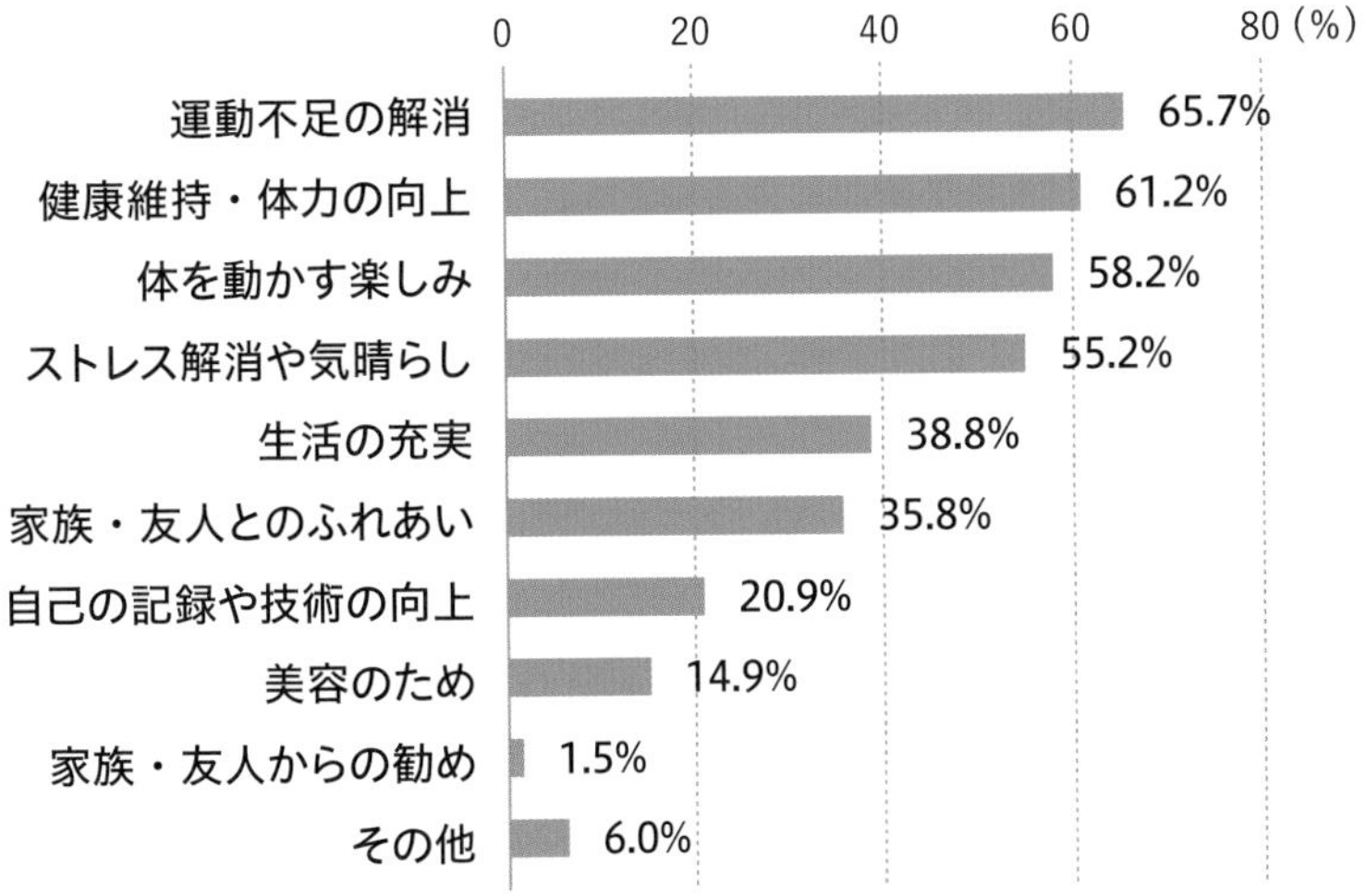

図1 運動する目的（複数回答）（n=103）

運動をする場としての緑地空間

大学生103人に対して、運動に関するアンケートを実施しました。まず、運動が好きか聞いたところ、運動を「好き」「どちらかといえば好き」と回答した割合は全体の87％と多かったのですが、週1回以上運動していると回答した人は53％と約半数しかいませんでした。運動ができていない理由を聞いたところ、「時間がない・忙しい」（59％）、「きっかけ・機会がない」（48％）、「場所・施設がない」（32％）といった回答が多く見られました。これらの結果から、運動は好きなのに、時間・きっかけ・場所が障壁となり、十分に運動ができていないことが考えられます。次に、運動する目的を聞いたところ（**図1**）、「運動不足の解消」「健康維持・体力の向上」「体を動かす楽しみ」に次いで「ストレス解消や気晴らし」が半数を超えており、運動には「精神的な健康」も期待されていることがわかりました。よく行う運動の種類は「ウォーキング」（31％）が一番多い結果でした。

　運動する場所を聞くと、体育館やスポーツジムなどの「スポーツ施設」（55％）が最も多く、緑地空間である「公園」は18％と少ないことがわかりました。このことから、運動をする場＝スポーツ施設という認識が強く、公園などの緑地空間はあまり認識されていないことがわかりました。

　もし、公園などの緑地空間が運動をする場としても適していることがわかれば、より多くの人が緑地空間で運動をするようになるかもしれません。そこで、実際に「緑地空間」で「ウォーキング」を行った際の効果を調べるため、実験を行いました。

緑地空間でのウォーキング効果

　ウォーキングによる肉体的な運動は、運動する場所に関わらず良い効果があると考えられることから、今回は「精神的な効果」に着目し、運動をする場所による違いについ

写真1
緑の多い緑道（上）と
緑の少ない車道（右）

て実験を行いました。

具体的には、同じ都市公園内にある緑の多い「緑道」と緑が少ない「車道」で（**写真1**）、同じ距離をウォーキングした際の心理的効果を比較しました。

心理的効果の測定には、POMS短縮版を実施しました。

緑道と車道でウォーキングした後のPOMSの結果を見ると（**図2**）、緑道を歩く方が、車道を歩くよりもネガティブな感情である「緊張-不安」「疲労」「混乱」が低く、ポジティブな感情である「活気」が高いことがわかりました。つまり、緑道におけるウォーキングは、車道でのウォーキングに比べ、落ち着いて、安心して、楽しみな

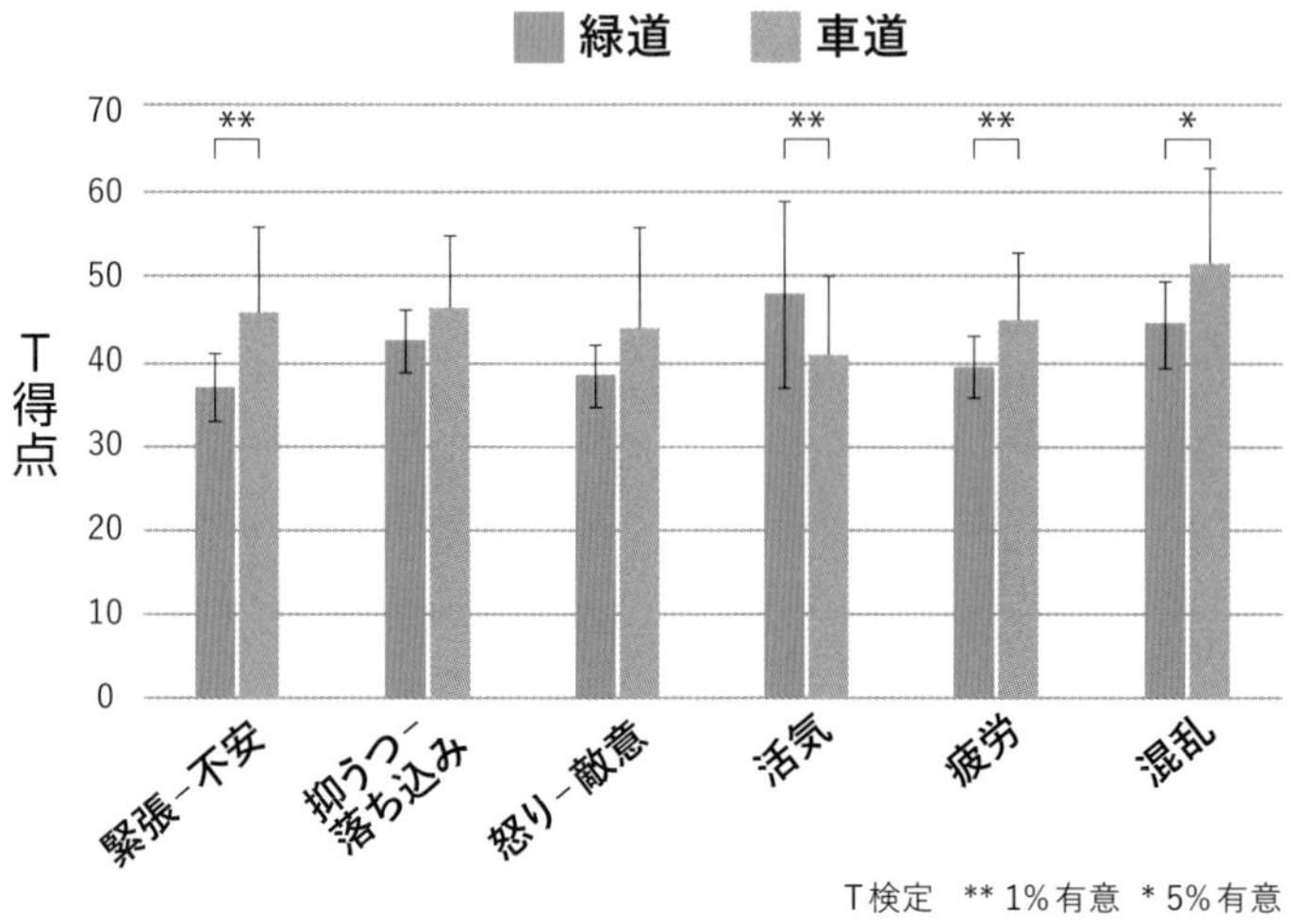

図2　緑道と車道におけるウォーキング後のPOMSのT得点 (n=14)

がら歩けること、さらに同じ距離を歩いているにも関わらず、緑道の方が「疲れにくい」と感じることを意味しています。

このように、緑の多い空間でのウォーキングは「精神的効果」が高いことがわかりました。さらに、活気が上がり、疲れにくいということは、いつもよりも長い時間や距離をウォーキングできる可能性があり、結果的に「運動的効果」の向上にも繋がると考えられます。

今後は、少し意識して緑の多い場所を歩いてみてはいかがでしょうか。

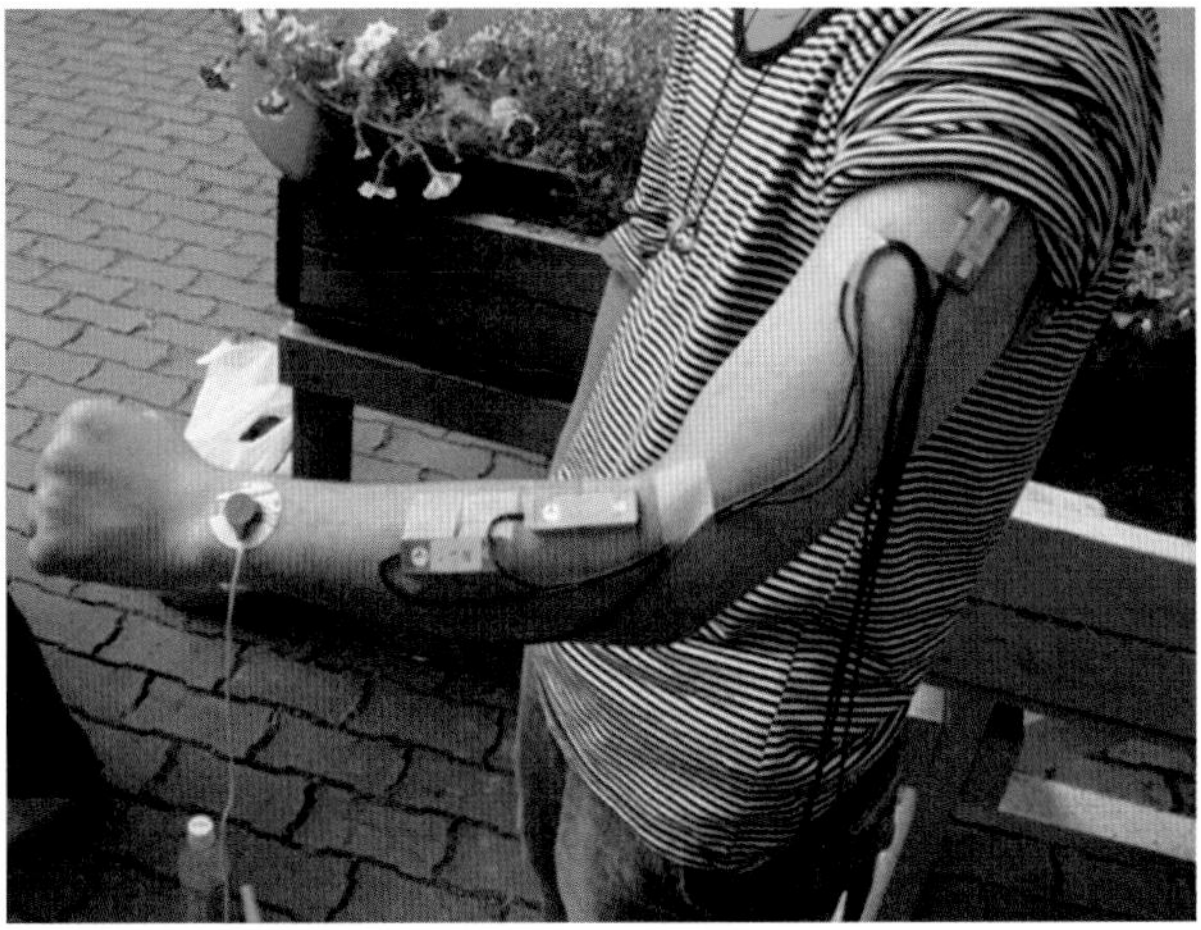

写真２　筋電センサーを取り付けた状態

園芸作業による運動効果

緑の中でのウォーキングが効果的なことがわかりましたが、実は普段、庭で行っている園芸作業でも十分に運動効果があります。実際に、土作りや植え付けといった一連の園芸作業を行うと、心地良い疲れを感じると思います。そこで、実際に園芸作業によって、どれくらいの筋肉を使っているのかを調べてみました。

筋電センサーを前腕（総指伸筋・橈側手根伸筋・浅指屈筋）、上腕（右／左上腕二頭筋・右／左上腕三頭筋）、三角筋、僧帽筋に付け**（写真２）**、①土の耕し（移植ごてを使用）②穴掘り（苗が入る穴を移植ごてで掘る）③植え付け（両手を使い、手で押さえる）

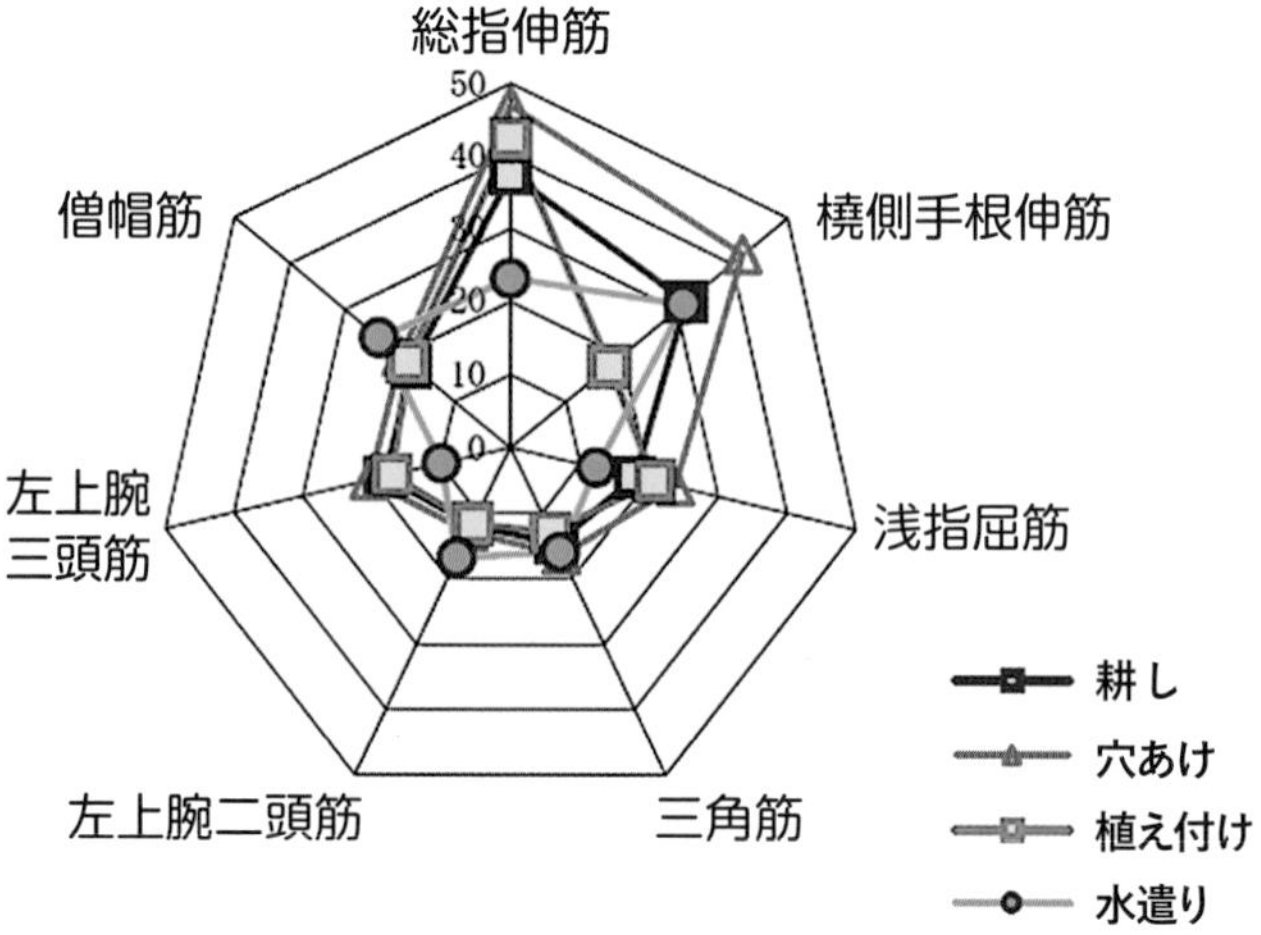

図3　園芸作業時における各筋の最大筋力の割合（%MVC）

④水やり（じょうろを使用）――の4つの作業をしました。

運動効果の評価としては、被験者の各測定筋肉に対する最大随意収縮力を測定し、各作業の最大筋肉に対する割合（%ＭＶＣ）を用いて評価を行いました。

その結果、一連の園芸作用において、センサーを設置した全ての筋肉を使っていることがわかりました。各作業における最大筋力の割合を見ると、どの部位もおおむね20%ＭＶＣを超えており、総指伸筋においては40-50%を超える作業もありました（図3）。

また、作業後にＳＤ法による印象評価を実施した結果、「疲れた」という印象は低く、「楽しい」「期待できる」といった印象が高いことがわかりました。人間工学の分野では20％ＭＶＣ程度の筋肉負荷は、15分程度であれば疲労を感じずに継続可能であるといわれていることから、リハビリテーションでの強度や時間の目安となっています。今回実施した一連の園芸作業は15分を超えていましたが、開花や成長、収穫といった園芸ならではの要素が、作業時の疲れを軽減し、楽しみや期待感の向上に繋がったと考えられます。

ここでは健康づくりの場（ハード）としての緑地空間や、楽しみながら実施できる運動（ソフト）としての園芸作業について紹介しました。緑による健康効果は、心理的効果だけでなく、このように運動効果としても十分期待できるのです。

04 「摘んで良い花壇」を活用したコミュニティケア

地域の公園に「摘んで良い花壇」を提案

一般的な花壇は観賞用であり、触ったり、摘んだりすることは禁じられているのですが、園芸療法的な視点から考えると、植物に「触れる」、花を「摘む」という行為はとても重要です。２章では病院に設置した「摘んで良い花壇」の効果について解説しましたが、今回は地域の公園内に「摘んで良い花壇」を設置した際の効果について、コミュニティケアという視点からお話ししたいと思います。

千葉市花見川区にある花園公園は、ＪＲ新検見川駅の近くにあり、通勤通学路として人通りが多く、また近隣には小中学校や高齢者デイケア施設等があることから、地域住民のコミュニティ形成の場として積極的な利用が期待されていました。しかし、実際には地域住民の公園への関心は低く、利用も少ない状況でした。その結果、ゴミの不法投棄等が発生し、地域住民の公園に対する意識の向上が求められていました。このような状況を改善したいと地元のＮＰＯ代表者から相談を受けた私は、病院での導入実績のある「摘んで良い花壇」の設置を提案しました。「摘んで良い花壇」であれば、地域住民が主体的に公園に関わり、関心を持ってくれるのではないかと考えたからです。

レイズドベッドでより摘みやすく

今回の「摘んで良い花壇」は、地域の高齢者や通学時の小中学生、通勤時のサラリーマン等、誰でも簡単に花壇と関われるようにしたいと考え、公園のそばを通った際に、腰を曲げなくても、立ったままで植物に触れられる「レイズドベッド」を提案しました。また、レイズドベッドに植栽する植物も、多くの人に関心を持ってもらうために、見て楽しむだけではなく、香りも楽しめる「ハーブ」を選びました。

ハーブは「見る」だけでは香りが十分に楽しめません。「摘んだり、ちぎったりする」ことで香りを楽しめるので、「摘んで良い花壇」に植える植物としては適していると言えます。特に、今回は公共空間である公園に設置するため、管理が楽で生命力が強いハーブが適していると考えました。ただ、ハーブを植えているだけでは触ってもらえないので、レイズドベッドには「見て、ふれて、香りを感じてください。気になったら、少

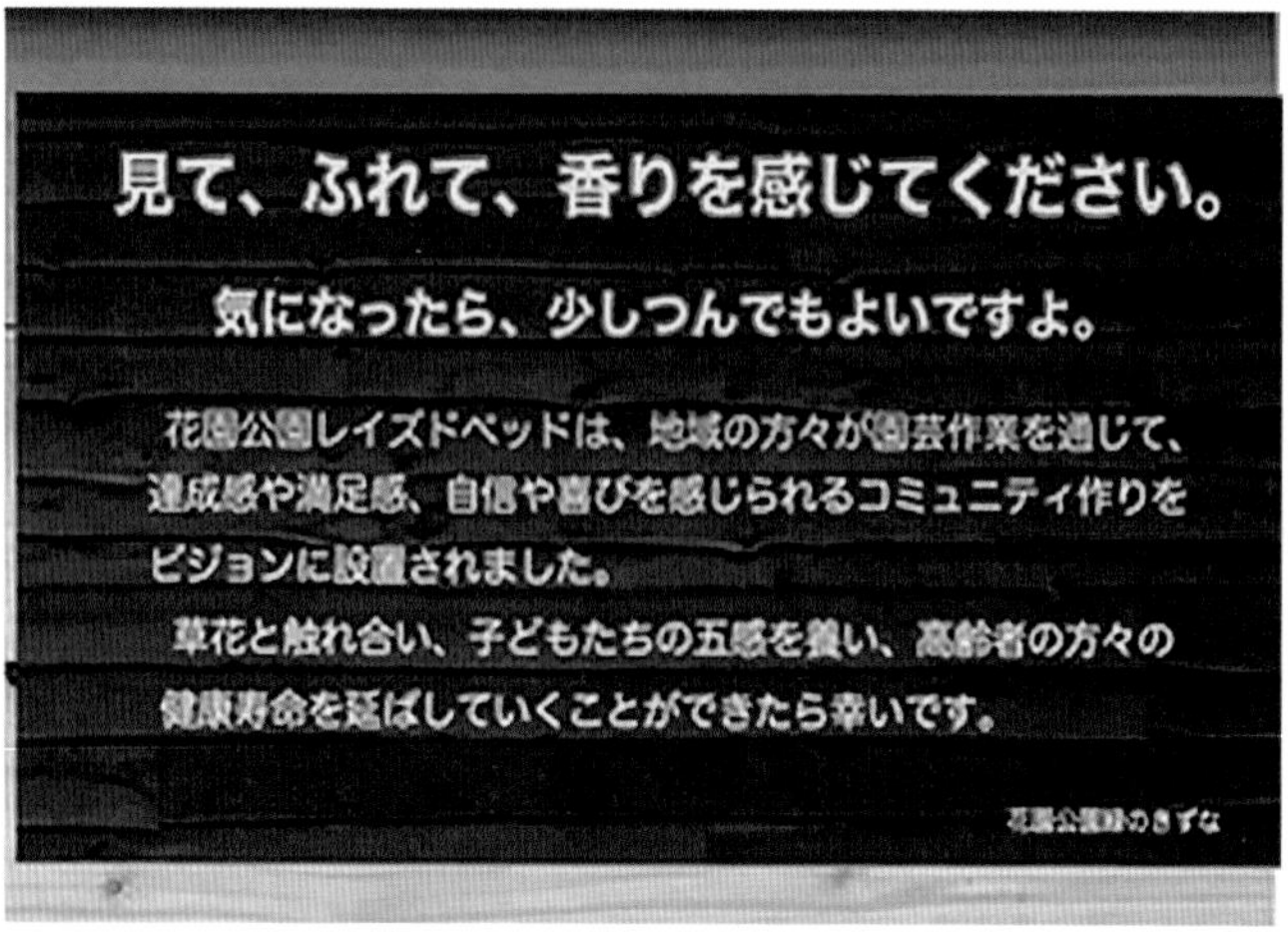

写真１　レイズドベッドに掲載したパネル

しつんでもよいですよ。」と書かれたパネルをつけました(写真1)。

地域の公園ならではのハードル

実際に「摘んで良い花壇」を地域の公園に設置するには、いくつかのハードルがありました。前回の病院の場合は病院の施設課に許可をとることで、「摘んで良い花壇」の設置が可能でしたが、今回は地域の公園です。自治体からの許可、地元自治会の許可、地域住民の同意など、多くの人に理解していただかなければいけません。普通の花壇でも設置には説明が必要ですが、聞き慣れない「摘んで良い花壇」なので、なおさら説明が必要でした。

自治体からはNPO代表のご尽力により許可をいただき、地元自治会には、私が自治会長さんに直接お会いして説明しました。また、地域住民の方には、公園横の自治会館を借りて、説明会や摘んだハーブの楽しみ方を体感していただくワークショップを開催し、ハーブ石けん作り等を行いました(写真2)。

こうして地域の方々の理解を得る活動をしていると、レイズドベッドプロジェクトの話を聞いた地元の建築会社さんから是非協力したいと連絡があり、プロの方に立派なレイズドベッドを製作していただけることになりました。また、公園横にあるインド料理屋さんからは、ワークショップの際にチャイやナンの差し入れをしていただきました。レイズドベッドで使用するハーブは県内のハーブ園に材料の提供をしていただきました。このようにして、プロジェクトの輪は徐々に地域に広がっていき、2018年秋、花園公園に「摘んで良いレイズドベッド」が4基設置されることになりました(写真3)。

公園における「摘んで良い花壇」設置の効果

設置後、見慣れないレイズドベッドが気になるようで、これまで公園に関心のなかった地域の人々がハーブを触りに来るようになりました(写真4)。また、特に管理方法な

写真２　ハーブを使ったワークショップの様子

写真３　設置したレイズドベッド

写真4　子どももハーブに興味津々

どを記載しなかったため、近くのデイサービスに通う高齢者の方や学校帰りの子どもたちも水やりをしてくれて、各人が自分のタイミングで管理されていました（写真5）。

すると水やりの回数が多くなり、根腐れになる等、ハーブの状態が悪くなってきました。普通の公園であれば、たとえ植物が枯れても、どうせ業者（自治体）が対応するだろうと気になることはないかと思われますが、これは自分たちが関わり、愛着を持って育てた花壇です。どうして枯れたのか、どうすれば枯れないか、と住民同士がコミュニケーションをとるようになりました。その結果、声を掛け合い、水やりのルールを決める等適切に管理されるようになり、ハーブも元気に生育するようになりました。現代の社会では関わりが希

写真5　地域住民による管理の様子

薄な地域の高齢者と子どもたちが、公園の花壇を介してお互いにコミュニケーションをとるようになったのです。

　こうしてレイズドベッドに関わる人が増え、区の地域活性化支援事業として補助金をいただくようになり、レイズドベッドはさらに3基追加され、現在では7基となりました。

「摘んで良い花壇」から始まるコミュニティケア

　レイズドベッドをきっかけに公園への関心が高まった結果、地域住民は公園のレイズドベッド以外の部分にも目を向けるようになりました。

たとえば、公園へのゴミの不法投棄です。これまで公園へのゴミの不法投棄に対してあまり関心がなかった地域住民が、花壇の利用で頻繁に公園と関わるようになり、ゴミ問題に真剣に取り組もうと考えるようになりました。その結果、地元の中学校がアクティブラーニングの一環として、公園のゴミ問題の解決案を考えることになりました。このようにさまざまな波及効果が生まれています。

公園における「摘んで良い花壇」は、地域の世代を超えたコミュニケーションの促進に有用なだけでなく、公園、さらには地域に対する関心・愛着に繋がる可能性があります。すべての公園において、この手法が適しているとは言えませんが、植物を活用したコミュニティケアの一つの手法として参考にしていただければと思います。

＊追記：この「花園公園レイズドベッドプロジェクト」は2020年に開催された(公財)都市緑化機構主催「第31回緑の環境プラン大賞」において、ポケット・ガーデン部門のコミュニティ大賞を受賞しました。

05 自然観察と健康プログラムとの連携イベントによる効果

植物や自然に関心を持ってもらうには

都市公園などの大きな緑地では植物や自然への理解を深めてもらうことや、興味・関心を持ってもらうことを目的とした自然観察系のプログラムが盛んに行われています。しかし、参加される方の多くがすでに自然や植物に関心のあるリピーターであり、いかに新規の参加者を増やしていくかが大きな課題となっています。

一方、近年の都市公園でよく見られるのが、ウォーキングやジョギング、体操、ストレッチなど運動をされている方々です。公園内の緑地でウォーキングした場合、車道でウォーキングした場合に比べて疲労感が軽減すること等、緑地での運動が心身に有用であることが報告されています。よって、今後の都市公園は運動の場として、より注目されていくと考えられます。

これらの現状から、自然観察プログラムと健康プログラムを単独で実施するよりも、

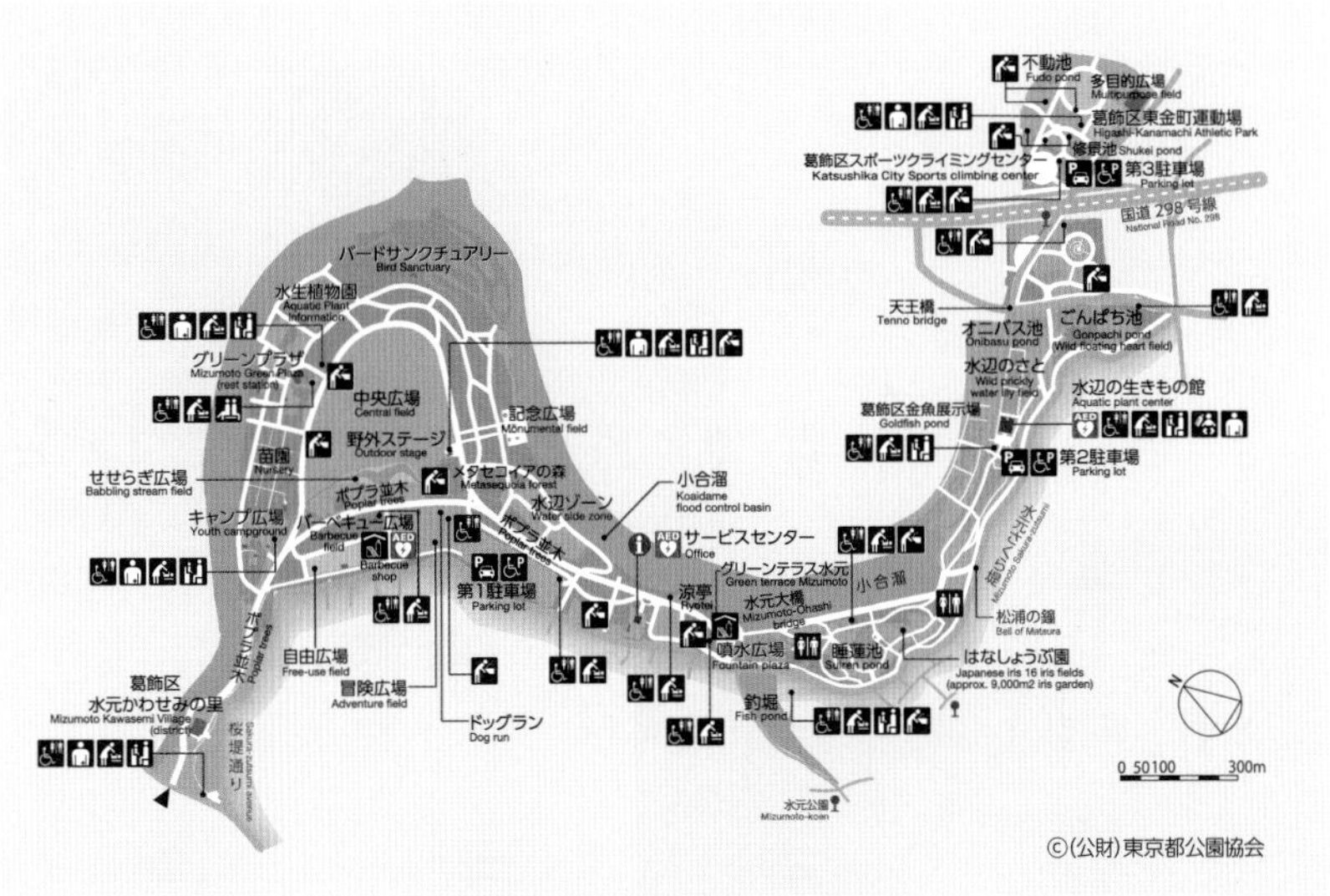

図1　水元公園のマップ

連携して実施することで、それぞれ新たな層の参加者が期待でき、さらに、公園を健康目的で利用していた人たちが自然や植物にも興味を持つ機会になるのではないかと考えました。

そこで今回は、実際に東京都内の都市公園において自然観察プログラムと健康プログラムを連携したイベントを実施し、参加者の意識や心理面の変化を調べた結果を紹介したいと思います。

自然観察と健康プログラムの連携実施

今回、自然観察と健康プログラムを連携したイベントは東京都立水元公園で行いました（**図1**）。水元公園は、園内面積96・68

写真１
自然観察プログラムの様子

写真２
健康プログラムの様子

haと広く、水生植物園やバードサンクチュアリー、はなしょうぶ園などがあり、植物の種類も多いので、自然観察プログラムがよく実施されています。

今回の連携イベントでは、水生植物園で自然観察のあと、芝生が広がる中央広場で健康プログラムを実施しました。公園内の掲示板にチラシを掲示したり、Facebookなどウェブを通じて宣伝したりと参加者を募り、10代から70代まで合計16名に参加していただきました。

自然観察では、ルーペを使った種子の観察や、専門家による植物の解説、さらには公園の歴史や地形等についてもお話しいただきました**（写真１）**。健康プログラムは、血圧・脈拍等のチェックをしてから、外周

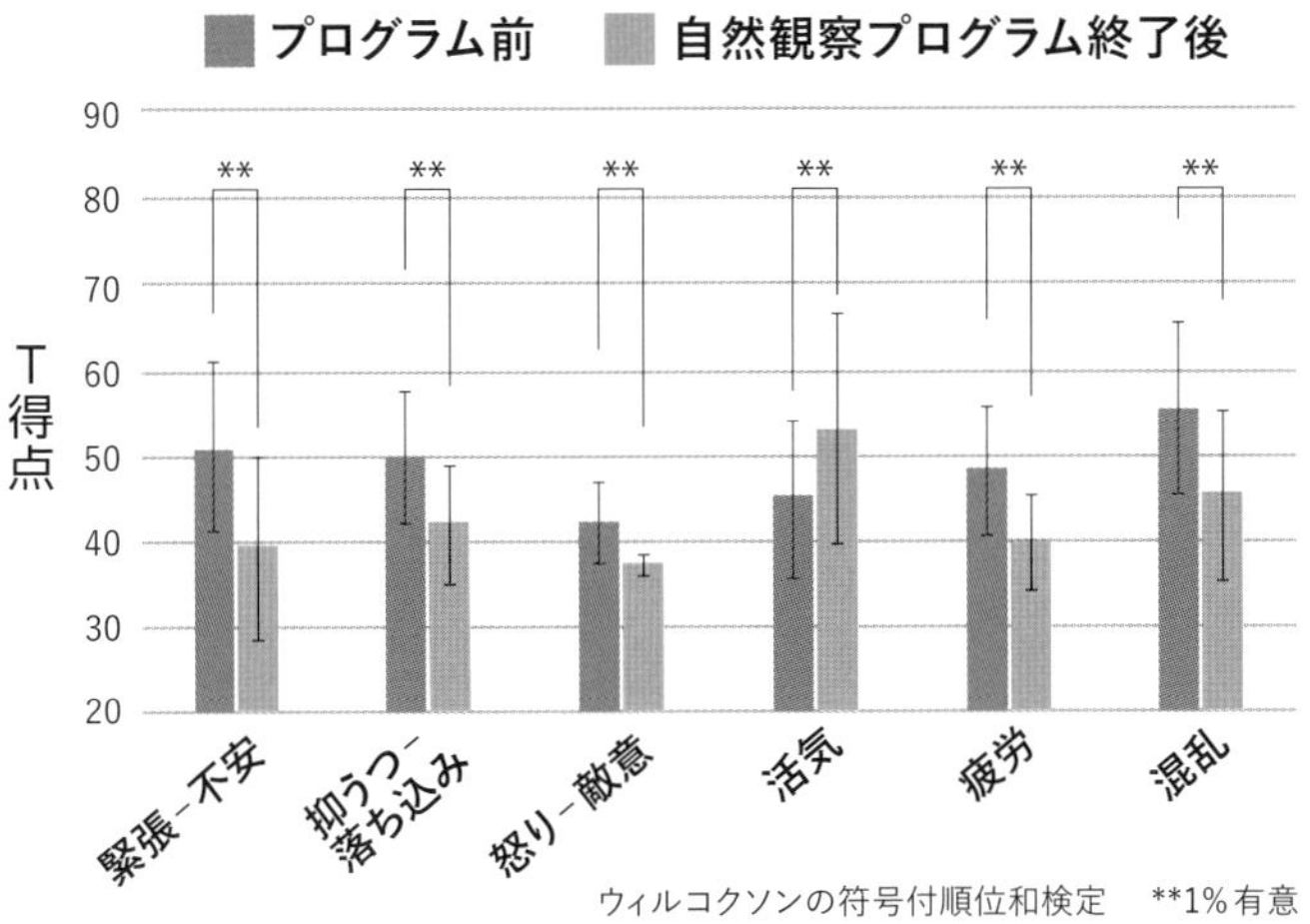

図2 自然観察プログラム前後における感情状態の変化

のウォーキングや芝生の上でインストラクターによるストレッチ体操を行いました（**写真2**）。この2つのプログラムを、昼を挟んで続けて実施しました。

自然観察プログラムによる感情改善効果

自然観察プログラムの実施前後におけるPOMS（感情状態）の変化について調べました（**図2**）。その結果、参加後はポジティブな感情である「活気」が有意に高くなり、その他のネガティブな感情である「緊張－不安」「抑うつ－落ち込み」「怒り－敵意」「疲労」「混乱」の5つの感情は有意に低くなっていました。同様に、健康プログラムの実施前後を比べた結果、実施後は全ての感情が改善していました。よって、このような都市公園におけるプログラムは健康プログラムだけではなく、自然観察プログラムも十分に感情改善効果があることがわかりました。

連携プログラム参加による関心度の変化

これは、自然や植物に関心のない人にも連携プログラムへの参加をきっかけに関心を持ってもらえるのではないか、と考えたイベントなので、参加者を過去に自然観察プログラムへの「参加経験あり」と、「初参加」のグループに分けて分析を行いました。連携プログラム参加前後における関心のある項目の変化を調べました(図3)。その結果、【動物】【公園】【自然】の3項目は過去の参加経験に関わらず、どちらのグループも今回の連携イベント参加後に、関心度が高くなっていました。

一方、「参加経験あり」グループでは、参加後にさらに【植物】【昆虫】に関する関心が有意に増加するのに対し、「初参加」のグループでは、参加後に【健康】【運動】に関する関心が有意に増加していました。このことからも、リピーターの方は自然や動植物への関心が、初めて参加する方は健康への関心が高い傾向があることがわかりました。

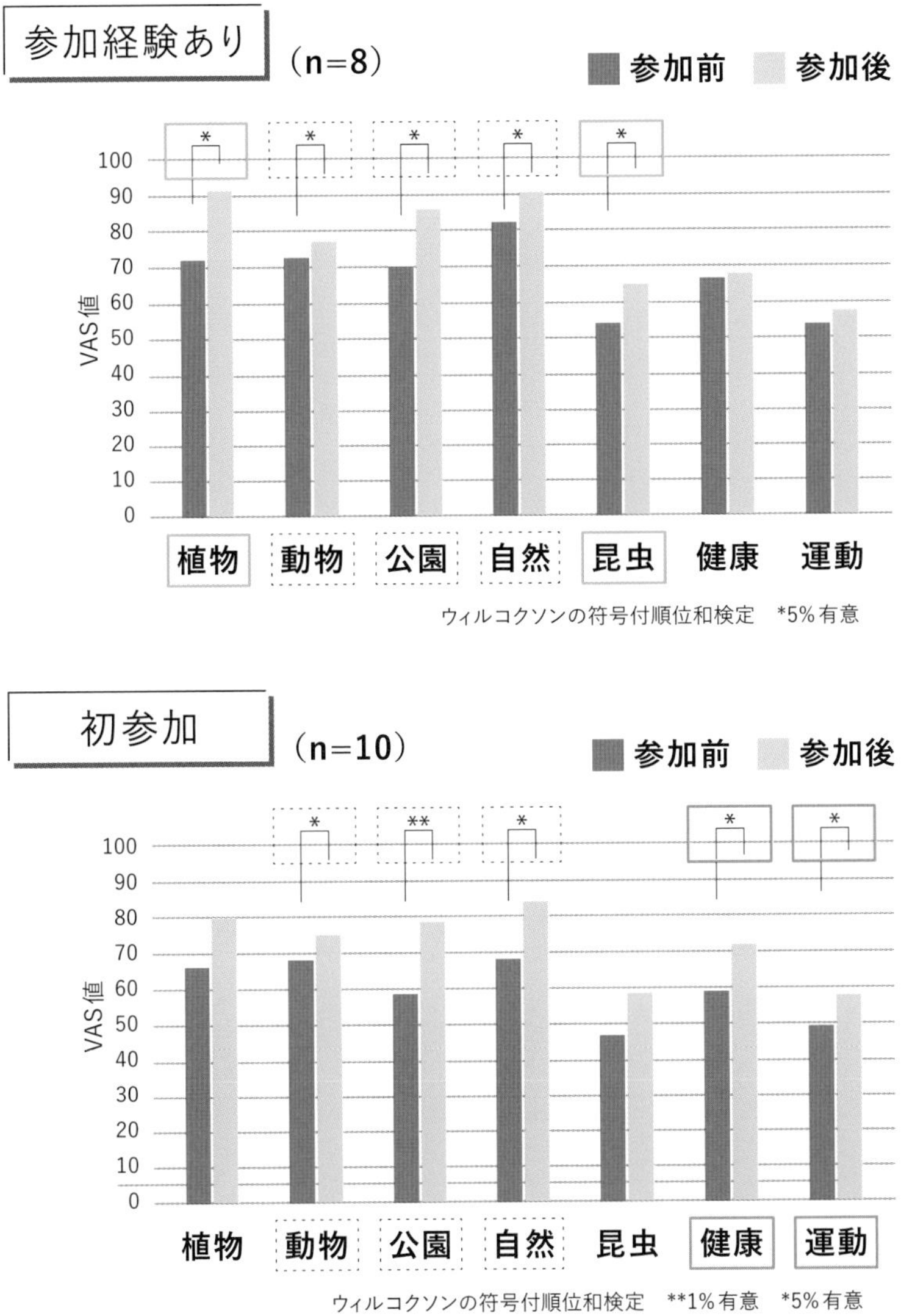

図3 連携プログラム参加前後における各要素への関心度の変化
——これまでのプログラム参加経験の有無による比較

このように、自然に関する要素に健康の要素をプラスすることで、これまで自然や植物に対する関心が低く、プログラム等への参加経験がない方にも、プログラムへの参加意欲が高まると考えられます。またその結果、公園や動植物に対する関心の向上に結びつくのではないでしょうか。

予防医学時代の現在「植物を活用して健康になる」というアプローチをすることで、従来の植物に関心がある層だけでなく、それ以外の方々にも関心を持ってもらえるかと思います。

06 ハーブの健康効果を活用した都市公園へ

都市公園とハーブ

都市公園にはさまざまな植物が植栽されており、我々を楽しませてくれます。ストレス社会である現在、特にストレッサーの多い都市にある公園では、公園利用者のストレスケアといった心身の健康に効果的な植栽が期待されています。

例えば、これまでにも紹介してきたハーブは、健康効果もあり、香りを楽しむだけでなく、収穫してプログラムにも利用できます。利用者の健康という観点から、効果的な材料と言えます。では、実際に都市公園でもハーブは植栽されていますが、「利用者の健康」を目的として植栽・利用されているでしょうか?

そこで、都市公園の管理者に対し、ハーブの導入およびハーブを用いたプログラムの実施状況などについて調査した結果と、公園利用者に対し、都市公園におけるハーブに

東綾瀬公園のハーブガーデン（東京都足立区）

ついて調査した結果を紹介します。

公園における ハーブの健康効果の活用状況

都市公園におけるハーブの利用および健康効果を活かしたプログラムの実施状況を把握するために、東京23区内の計41カ所の都立公園を対象にアンケート調査をしました。調査は２０２１年６月に実施し、26カ所の公園から回答が得られました（回答率63％）。

まずはじめに、管理する公園内におけるハーブの導入状況を聞いたところ（**図１**）、「積極的に利用している」12％、「利用している」46％を合わせると６割近い公園でハーブを導入しているようです。さらに、導入している

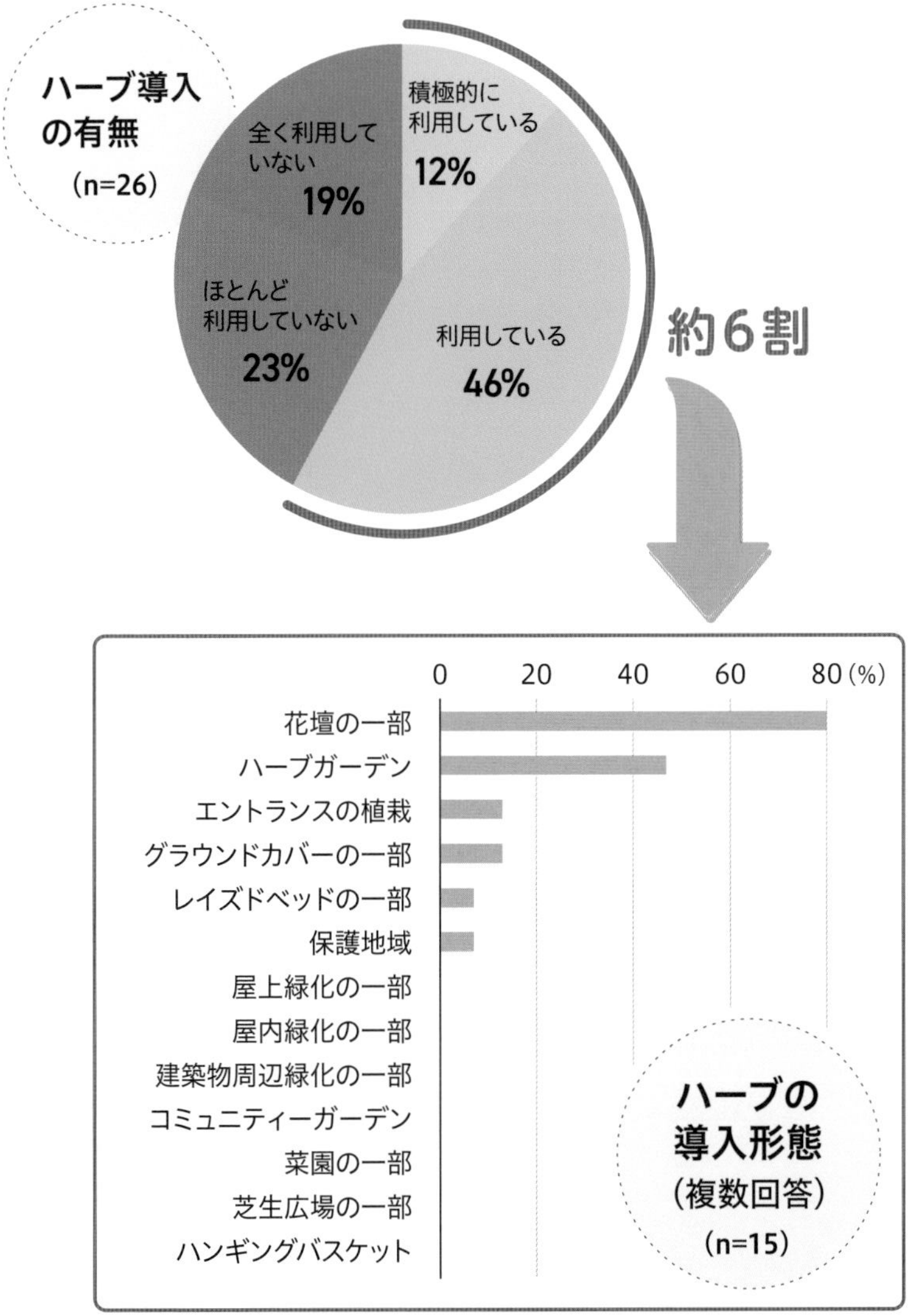

図1　植栽へのハーブ導入の有無と導入形態

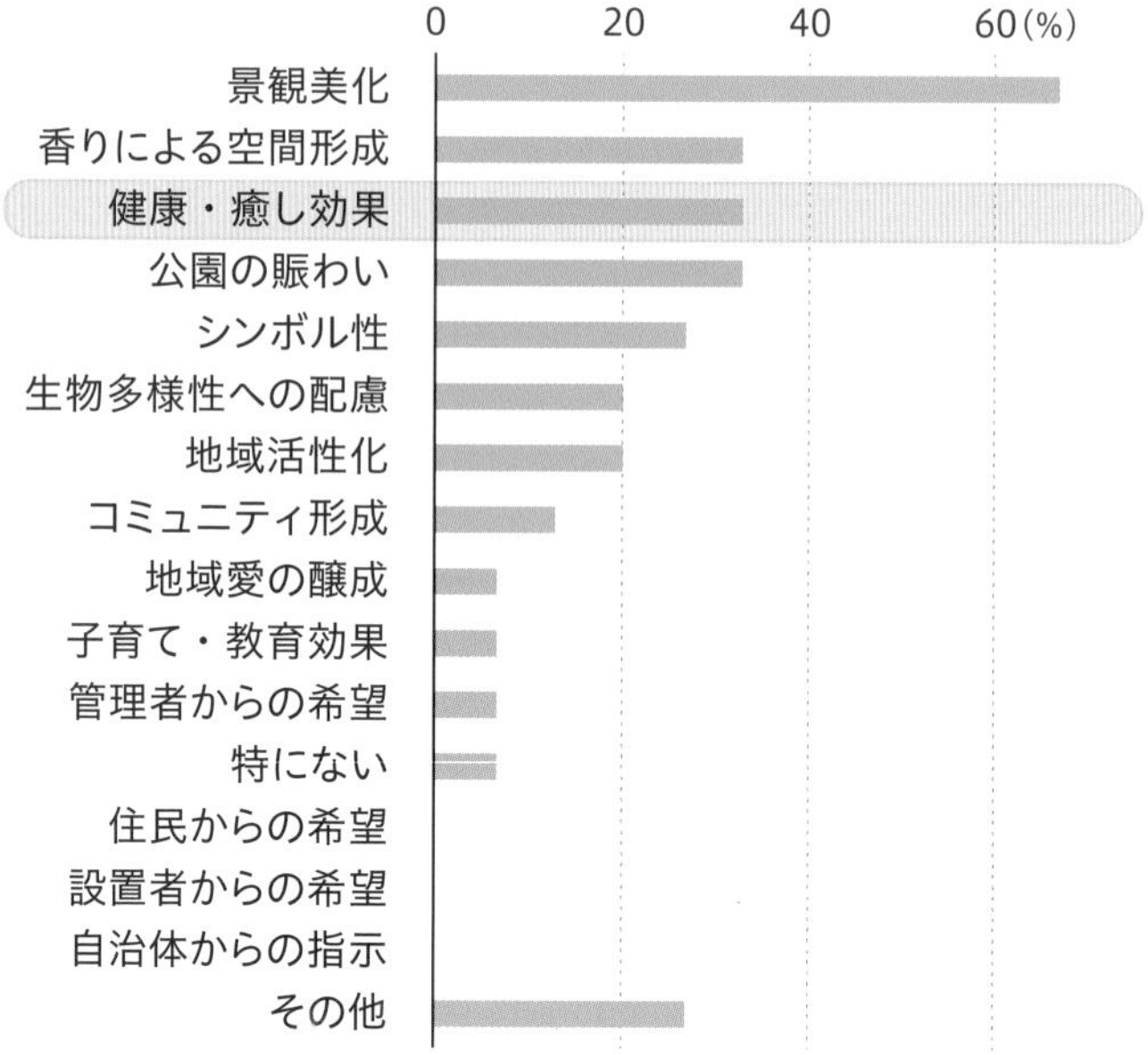

図2　植栽へのハーブ導入の目的（複数回答）(n=15)

公園に導入形態を聞いたところ、「花壇の一部」80%が最も多く、「ハーブガーデン」を設置している公園は半数以下でした。これらの結果から、ハーブを導入していても、ハーブに特化したハーブガーデンを設置している公園はまだまだ少なく、花壇の一部に植栽されている公園が多いことがわかります。

次に、ハーブを導入している公園に導入目的を聞いたところ(図2)、「景観美化」67%が最も多く、「健康・癒し効果」は、その半分の33%でした。以上からハーブを導入している公園の多くがハーブの健康効果を目的として植栽されているのではなく、

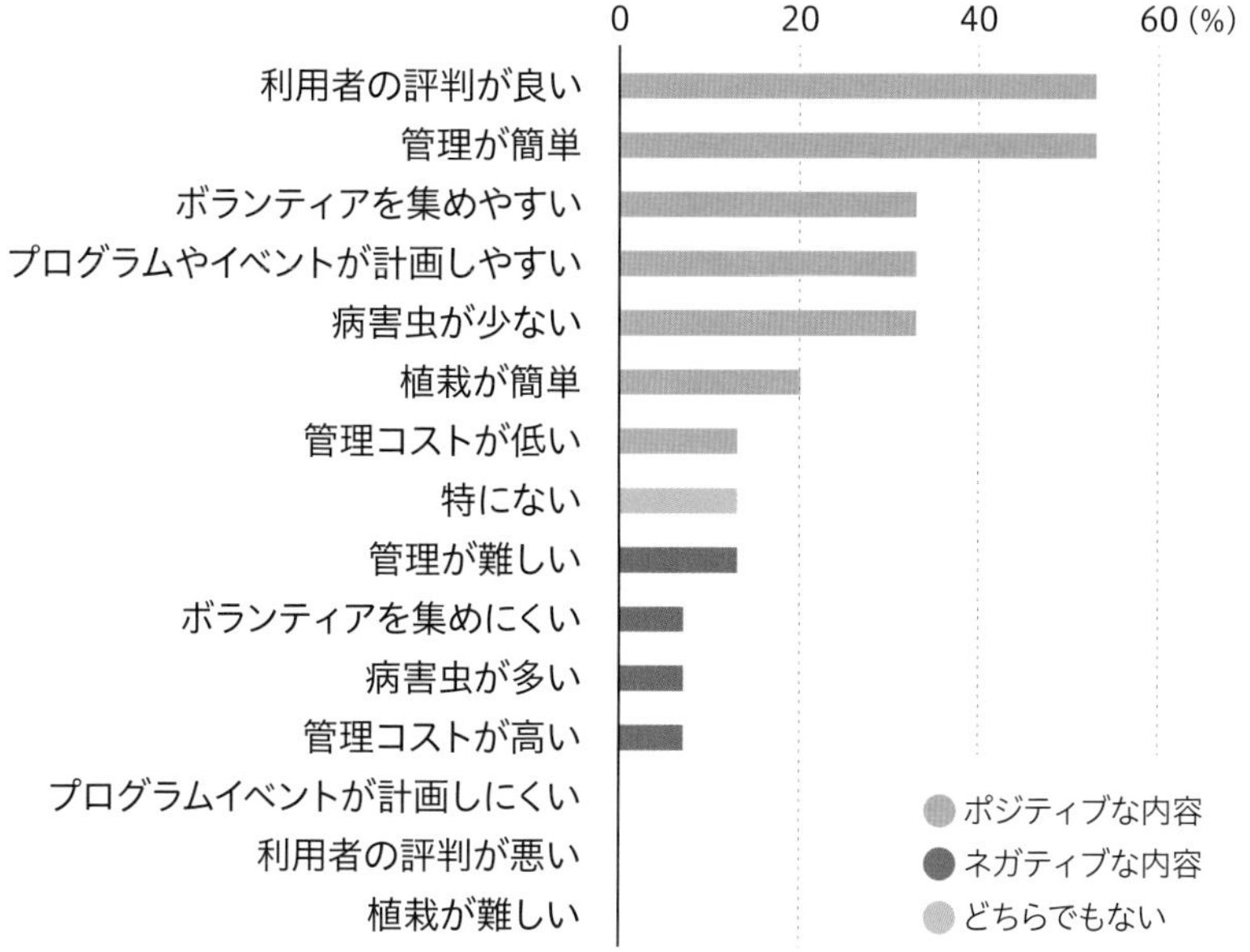

図3　ハーブを管理する上での他の植物との違い（複数回答）（n=15）

他の花と同様に景観といった視覚的効果を目的に植栽されていることがわかりました。

ハーブを導入している公園に、ハーブを用いたプログラムの実施状況について聞いたところ、約5割（8カ所）の公園で実施していることがわかりました。具体的には「ポプリやサシェ作り」「摘み取り体験」から「ハーブティー作り」までハーブの特徴を活かした内容でした。しかし、プログラムの実施目的を聞いたところ、「以前から実施しているイベントの継続」63％が最も多く、「公園利用者の心身の健康のため」は25％と少ない結果でした。よって、ハーブを用いたプログラムを実施していても、ハーブの【健康効果】を意識して実施しているわけではなかったのです。

公園におけるハーブ導入のメリット

ハーブを導入していない公園に対し、導入していない理由を聞いた結果、「特に理由は無い」が55%と半数を超えており、導入しない理由でよく見られる「管理が大変だから」といった回答はほとんど見られませんでした。一方、ハーブを導入している公園に、ハーブを管理する上で他の植物と違う点について聞いたところ(図3)、「利用者の評判が良い」「管理が簡単」が53%と半数を超え、このようなポジティブな内容が上位を占めていました。

これらの結果から、ハーブは管理しやすく、利用者の評判が良い植物であることから、現在導入していない公園でも、きっかけがあれば導入の可能性があると考えられます。

公園管理者と公園利用者のハーブに対する認識のズレ

２０２１年10月に10代から70代の公園利用者を対象にアンケート調査を実施し、

１１４名から回答を得ました。公園にあるハーブ植栽を知っているか聞いた結果、認知度は36％と低いことがわかりました。また、公園のハーブを用いたプログラムを実施していることを知っているか聞いた結果、認知度は30％と低いことがわかりました。いずれも年代、性別に関わらず、公園のハーブはあまり認知されていなかったのです。

そこで、公園利用者に公園の情報を得る手段について聞いたところ、「インターネット」の53％が最も多いことがわかりました。よって、公園のハーブ情報を伝えるためには、ウェブサイトやＳＮＳなどを活用し、積極的に発信していく必要があると考えられます。

また、都市公園のハーブ植栽に対し期待している効果について聞いた結果、「癒し効果」の82％が最も多く、来園経験の有無に関わらず最も期待されている効果でした。しかし、先の公園管理者へのアンケートの結果では、公園管理者はハーブの「健康・癒し効果」を目的としていなかったことから、公園利用者と公園管理者の間にはハーブ利用に対する「認識のズレ」があるようです。

この結果が、公園管理者がハーブの健康効果を再認識し、公園利用者との認識のズレを解消し、ハーブを積極的に取り入れる契機になればと考えています。

07 高速道路サービスエリアにおける緑の利用

高速道路サービスエリアにおける緑地の役割

高速道路は一般道に比べて走行スピードが速いため、運転による精神的疲労が大きく、事故に結び付きやすいことが指摘されています。そこで、一定時間ごとにサービスエリア（以下「ＳＡ」）などの施設で休憩することが勧められており、具体的には2時間の運転に対し20分程度の休憩が推奨されています。ＳＡでの休憩は高速道路での事故防止に必要なだけではなく、車内で長時間同じ姿勢でいることが原因の、腰や足などの疲労回復にも必要です。

これまで本連載では公園など緑地での休憩や、植物と関わることがストレス軽減に有効であることを紹介してきました。高速道路でもＳＡでの休憩時に植物と関わることで、運転によるストレスの軽減が期待できます。

ＮＥＸＣＯ東日本では、２０１５年から「花と緑のやすらぎ　ハイウェイガーデン®

プロジェクト」(以下「花プロ」)を立ち上げ、花と緑の効果を上手く取り入れた休憩施設の整備を進めています。この「花プロ」のコンセプトには、①地域の特色ある樹木、草花を使う②自治体や地域の学校、ガーデン等との地域連携③周辺の良好な眺望や観光地のイメージを活かす④お客様がやすらぎ、リラックスする空間の提供――の4つが挙げられており、まさに緑による、「やすらぎ」や「リラックス効果」が含まれています。

そこで、今回は高速道路SAの緑を取り上げ、その利用効果や利用の現状についてお話しします。

サービスエリアの緑地で休憩した際の効果

SAの緑地で休憩すると、本当に運転によるストレスが緩和されるのでしょうか。まずは、以前に実施した実験結果を元に、SAの緑地で休憩した際の効果について説明します。

実験は、高速道路で2時間運転した後にSAの「施設内で休憩」した場合と、SAの「緑地で休憩」した際の唾液中コルチゾール濃度(ストレスホルモン)の変化を調べ、結果を比較しました(**図1**)。その結果、施設内、緑地、いずれの場合もSAでの休憩で、高速運転で上昇したストレスホルモンが軽減することがわかりました。しかし、休憩後

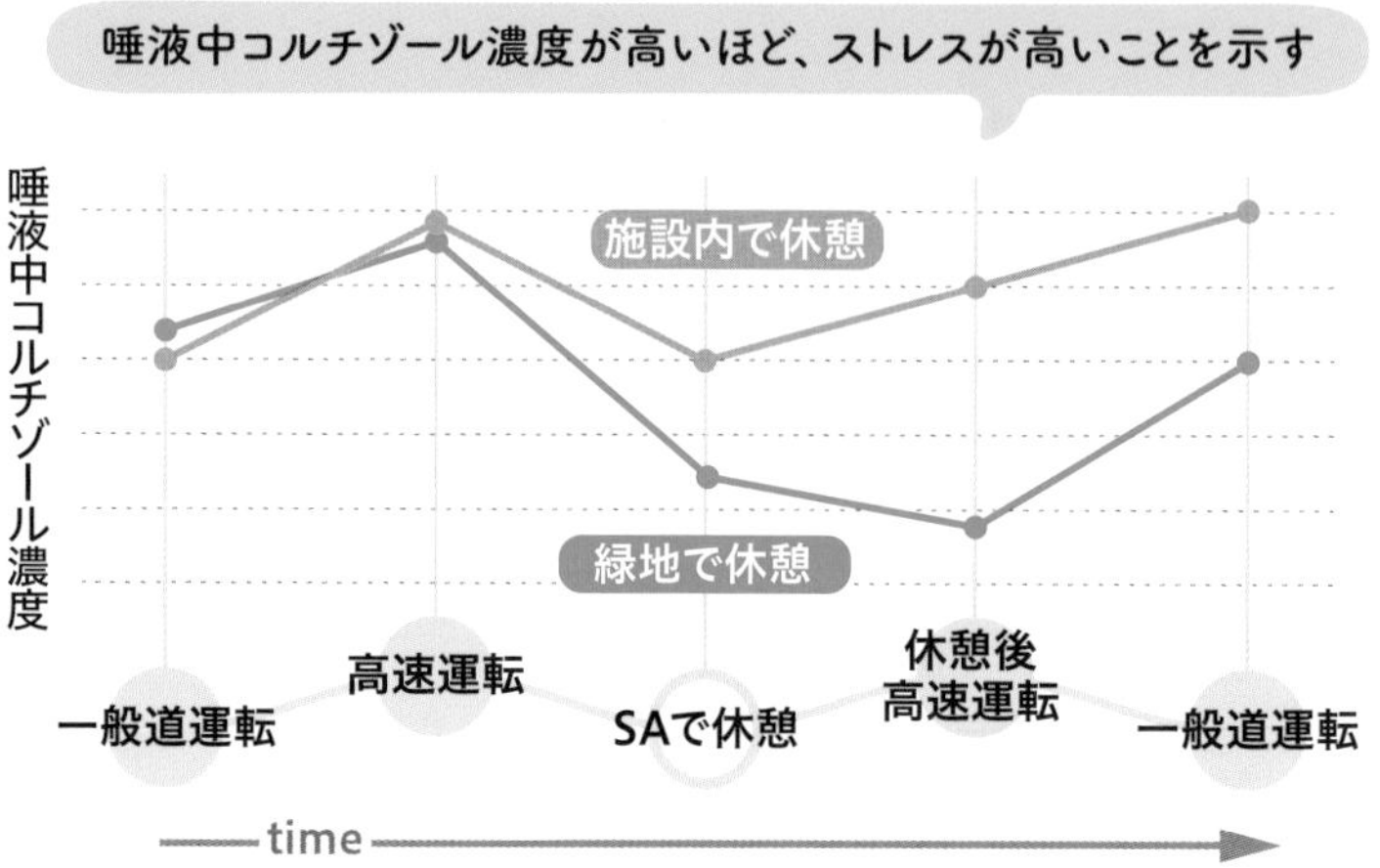

図1　高速道路運転時におけるＳＡでの休憩時および休憩前後の
ストレスホルモン（唾液中コルチゾール）濃度の変化
――「緑地で休憩」と「施設内で休憩」の比較――

に運転を再開した際の値に違いが見られ、「施設内で休憩」した場合は、運転再開後すぐにストレスホルモンの上昇が見られるのに対し、「緑地で休憩」した場合は、運転再開後のストレスホルモンの上昇が緩やかだったのです。

よって、ＳＡにおける緑地での休憩は、施設内で休憩する場合に比べ、休憩後もストレス緩和効果が継続するため、快適な運転が期待できます。

サービスエリアにおける緑地利用の現状

このようにＳＡにおける緑地での休憩は有効なのですが、実際に緑地は利用されているのでしょうか。そこで、ＳＡにおける利用状

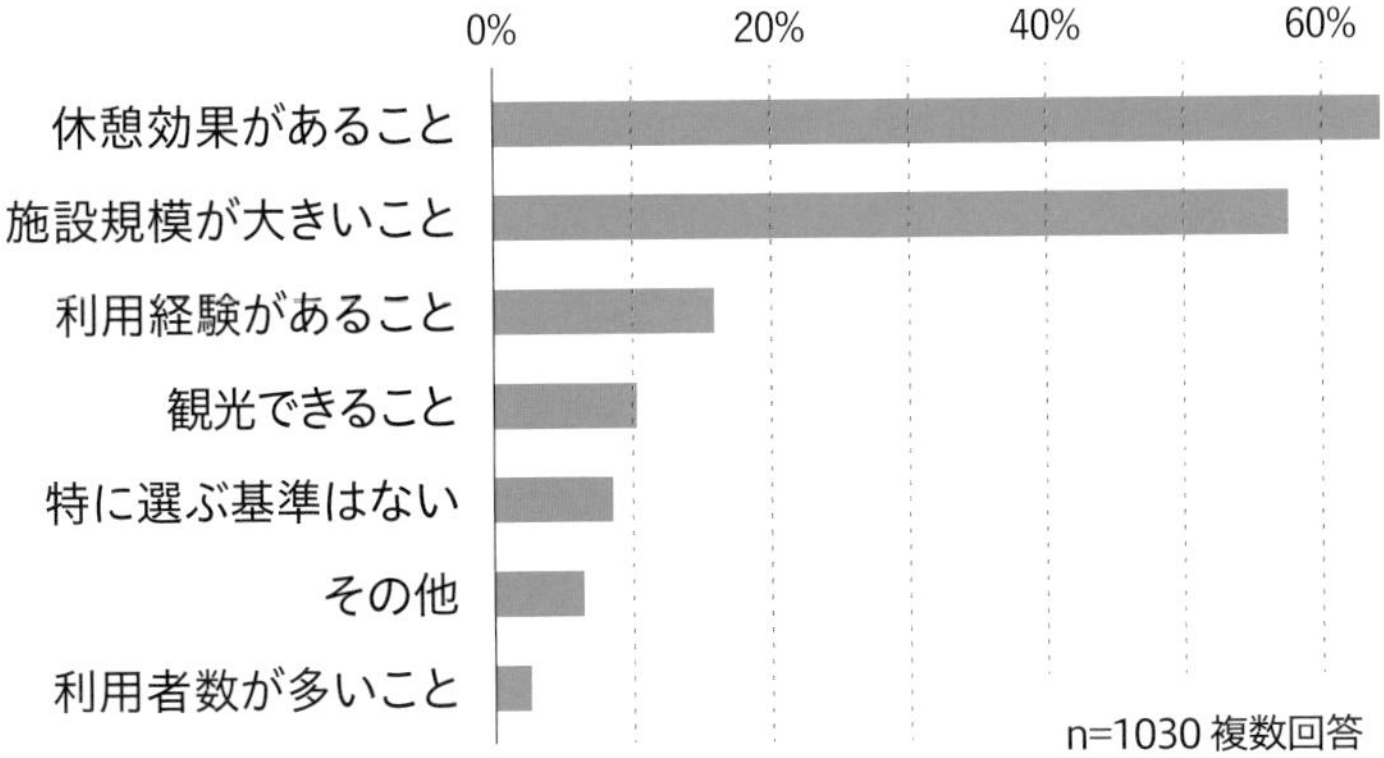

図2　高速道路利用者がサービスエリアを選ぶ基準

況を調べるために、千葉県の館山自動車道にある市原ＳＡ（上り）で利用者の行動調査を行いました。この市原ＳＡは２０１２年にリニューアルされ、ＳＡ内には芝生の休憩広場や花壇、さらにはドッグランまで整備されており、緑地で休憩するには適したＳＡであることから調査対象としました。

調査の結果、残念ながら、曜日、時間帯に関わらず、ＳＡの緑地を利用する人は少なく、多くの人が施設内（トイレやフードコートなど）と車を往復するだけでした。

さらに多くの利用者のＳＡにおける緑地の利用状況を調べるために、関東圏の高速道路利用経験者１０３０人を対象にオンラインアンケート調査をしました。

ＳＡを選ぶ基準について聞いたところ、「休憩効果があること」が最も多い回答であり（**図2**）、

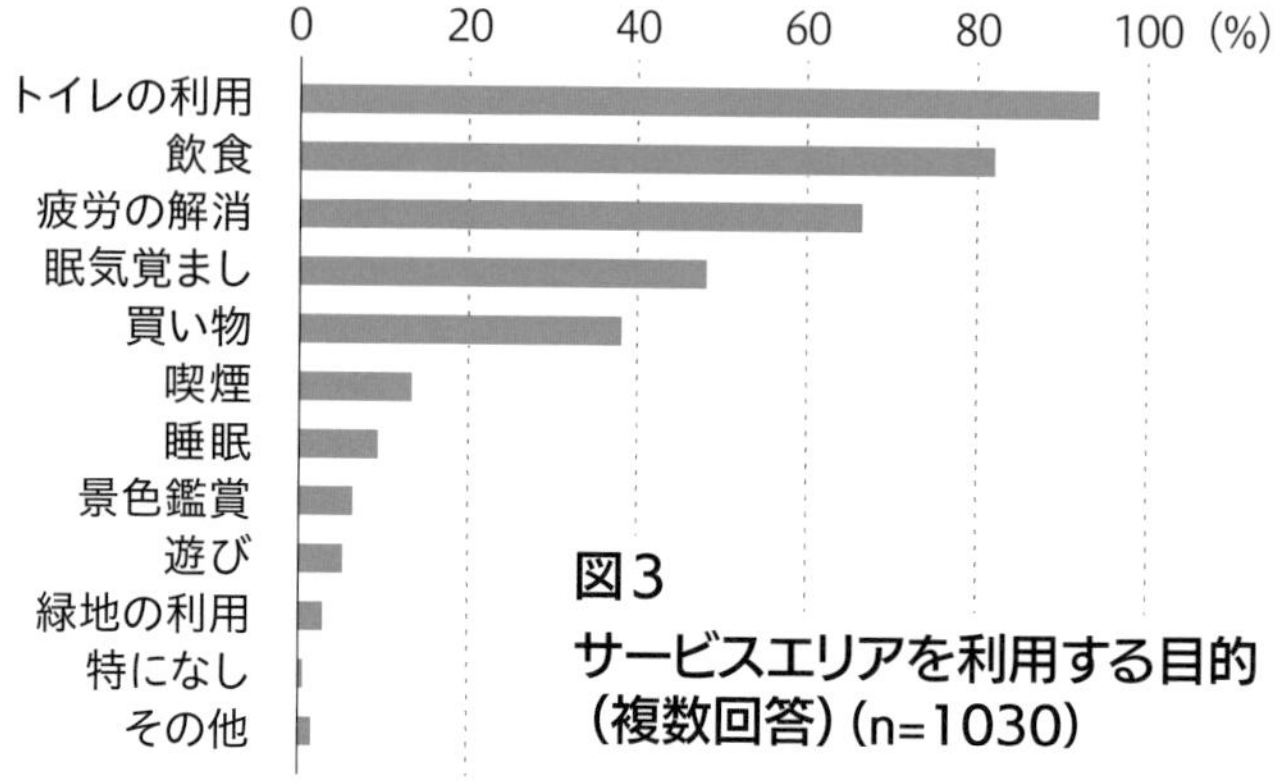

図3
サービスエリアを利用する目的（複数回答）（n=1030）

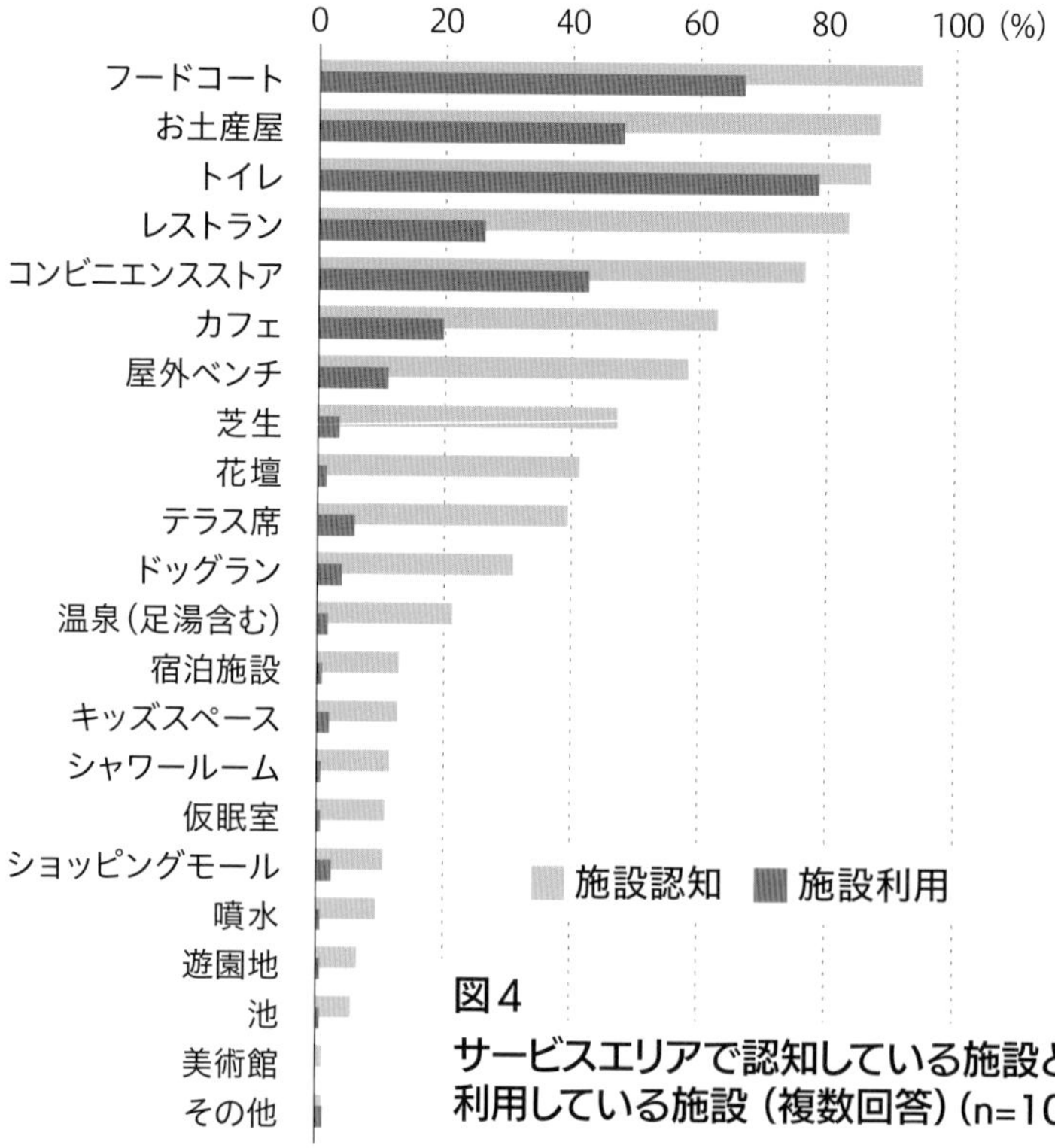

図4
サービスエリアで認知している施設と利用している施設（複数回答）（n=1030）

「ＳＡ＝休憩する場所」という認識であることがわかりました。次に、ＳＡを利用する目的を聞くと、「トイレの利用」が最も多く、次いで「飲食」「疲労の解消」という結果になりました(図3)。以上から、ＳＡにおける「休憩」は「運転による疲れを癒す休憩」よりも「トイレ休憩」「食事休憩」が多いようです。

ＳＡにおける緑地の利用が少ないのは、ＳＡの緑地が施設の脇や裏側にある場合も多いことから、利用者がその存在を認識していないことが原因とも考えられます。そこで、ＳＡで認知している施設と、利用している施設を聞きました(図4)。その結果、「フードコート」や「トイレ」は、認知度も、実際の利用度も高いことがわかりました。一方、「芝生」や「花壇」等の緑地は、半数近い人が認知しているにも関わらず、実際の利用は数％しかないことがわかりました。つまり、緑地の存在は知っていても、利用はしていないのです。

これまでにもＳＡの緑地を多くの人に利用してもらうために、案内板やサイン等、緑地の存在を認知してもらう整備が行われていましたが、これだけでは実際の利用に結びつかないと言えます。これからは、ＳＡの大きな目的である「事故防止を目的とした運転による疲労の軽減」を再度、利用者に伝えてもらい、また利用者自身もＳＡにおける休憩の意味を再認識した上で、積極的に緑地を利用することが必要です。

写真１　カフェの横にあるウッドテラス（横川ＳＡ下り）

趣向を凝らしたサービスエリアの花と緑

「ＳＡの緑地を積極的に利用してください」と言われても、ＳＡの緑地自身に魅力がないと、誰も利用したいとは思いませんよね。しかし、現在新しく整備されているＳＡは趣向を凝らしたものが多く、花や緑を純粋に楽しめる場所が増えています。

例えば、先ほど紹介した「花プロ」によって整備されたＳＡの一つである上信越自動車道・横川ＳＡ（下り線）は、高原リゾートである軽井沢の手前に位置するＳＡであり、本プロジェクトのモデル的ＳＡになっています。通常のトイレやフードコートがある施設の隣に奥行きのあるイングリッシュガーデンを配置。その入り口にはカフェを併設し、お茶を飲みながらガーデン内のウッドテラスで休憩できます（**写真１**）。また地元で人気のガーデンを運営する企業と連携して、現地の気候を活かした植

写真２　高原の気候に合わせた植栽（横川SA下り）

写真３　SA内にあるドッグラン（市原SA上り）

物や樹木を選定し、植栽されていることや（写真2）、地元のフラワーデザイナーによるハンギングバスケットの作製をイベントとして実施する等、花や緑が楽しめるさまざまな試みが行われています。

「花プロ」に限らず近年のＳＡにおける緑地整備で増えているのは、ドッグランです（写真3）。長距離移動でストレスが溜まっている犬のために設置されており、飼い主も安心してＳＡで休憩できます。このように、現在のＳＡにおける緑地は多くの方に利用してもらうため、趣向を凝らした整備が進められています。皆さんはＳＡで休憩した際に、緑地を利用していますか？　トイレやフードコートだけ利用して、車に戻っていませんか？　安全運転のため、疲労回復のためにも、高速道路を利用する際は、５分で良いのでＳＡの緑地で休憩してみてはいかがでしょうか。

おわりに

多くの方に、植物の効果を知っていただき、生活の中に取り入れて健康になっていただきたい、そういう想いから、２０１７年より雑誌「グリーン情報」で「ヒーリング時代の緑の使い方」というタイトルで連載させていただきました（現在も連載中です）。

本書は、その連載内容からテーマごとにピックアップし、再編集したものです。

私が植物の健康効果について研究を始めた25年ほど前、その当時は「緑の健康効果」に対する社会的な関心が低く、研究者も少なく、論文を書いても掲載してくれる学会もほとんどなく、とても苦労した記憶があります。人が「植物の健康効果」に関心を持つとき、それは、自分自身や社会に辛く悲しい出来事が起こり、それによって不安を抱えたときに本能的に植物や自然を求めるのです。

近年、震災や台風など数多くの自然災害の発生や、ＣＯＶＩＤ-19の感染拡大など、不安を抱える出来事が続いているため、植物の健康効果が再注目されています。研究者も増え、学会でも多くの研究成果が報告されるようになりました。そして、一般の方々にも植物の健康効果に関心を持ってもらえるようになりました。

このタイミングで本書を発刊できることを心から嬉しく思います。多くの方に手にとっていただき、植物を活用して健康な生活を過ごしていただければと思っています。

最後になりましたが、本書の刊行にあたり、お世話になりましたグリーン情報編集長の山川正浩様、伊藤賢治様をはじめ歴代の担当者の皆様に御礼申し上げます。また、各トピックは、兵庫県立淡路景観園芸学校および千葉大学園芸学部の教員、学生と共に調査・実験・研究した内容を元に執筆いたしました。ご協力いただいた全ての方々に御礼申し上げます。ありがとうございました。

2023年10月

岩崎　寛

参考文献

第1章－カルテ01

●岩崎　寛、山本　聡、石井麻有子、渡邉幹夫（2007）「都市公園内の芝生地およびラベンダー畑が保有する生理・心理的効果に関する研究」、『日本緑化工学会誌』33巻1号、pp.116-121.

第1章－カルテ02

●岩崎　寛、宇内沙織、塚本隆男（2014）「ヒマワリに対する印象評価――メンタルケアとしての有用性」、『日本緑化工学会誌』40巻1号、pp.251-253.

第1章－カルテ03

●岩崎　寛、山本　聡、権　ヒョジョン、渡邉幹夫（2006）「屋内空間における植物のストレス緩和効果に関する実験」『日本緑化工学会誌』32巻1号、pp.247-249.

●小澤直子、買　楠、富永斉史、上井一哉、岩崎　寛（2015）「芳香性植物の利用拡充へ向けた五感利用によるプログラムとその効果」『人間・植物関係学会雑誌』15巻別冊、pp.60-61.

第1章－カルテ04

●岩崎　寛、菊池典子、大塚芳嵩、山田隆介、中村　勝（2015）「オフィスにおける植物の設置が勤務者の心理に及ぼす影響」『日本緑化工学会誌』41巻1号、pp.239-242.

●矢動丸琴子、大塚芳嵩、中村　勝、岩崎　寛（2016）「オフィス緑化が勤務者に与える心理的効果に関する研究」『日本緑化工学会誌』42巻1号 、pp.56-61.

●矢動丸琴子、中村　勝、岩崎　寛（2017）「オフィス緑化が勤務者に与える影響に関する研究――業種・職種別による考察――」『日本緑化工学会誌』43巻1号、pp.86-91.

●鄭　蒙蒙、矢動丸琴子、中村　勝、江口恵五、岩崎　寛（2018）「オフィスの個人デスクに設置した植物への接触が勤務者の心理に与える影響」『日本緑化工学会誌』44巻1号、pp.119-122.

第1章－カルテ05

●曹　丹青、長谷川啓示、高橋輝昌、岩崎　寛（2016）「ウレタン製土壌改良材を混入した芝生が利用者に与える心理的影響」『日本緑化工学会誌』42巻1号、pp.197-199.

●岩崎　寛、曹　丹青、長谷川啓示、高橋輝昌（2017）「特性不安に着目したウレタン製土壌改良材混入芝利用時の心理的効果に関する研究」『日本緑化工学会誌』43巻1号、pp.263-266.

第1章－カルテ06

●岩崎　寛（2008）「ドイツにおける森林を利用した運動療法の取り組み」『第119回日本森林学会大会要旨集』P1b05.

●岩崎　寛、三谷　徹、鈴木裕治、三瓶満真（2008）「奥多摩町森林セラピートレイル──香りの道」『LANDSCAPE　DESIGN』63巻、pp.48-51.

第2章－カルテ01

●高嶋藍莉、岩崎　寛（2018）「オンラインアンケートを用いた切り花購入に関する意識調査」『園芸学研究別冊』17巻2号、p.552.

第2章－カルテ02

●岩崎　寛、津村　葵、菅野真衣（2017）「病院における生花持ち込み規制に関する意識調査」『人間・植物関係学会雑誌』17巻別冊、pp.44-45.

第2章－カルテ03

●岡　直子（2012）「がんの緩和ケアにおける植物を用いたプログラムの展開とその効果に関する研究」『千葉大学大学院園芸学研究科博士論文』

第2章－カルテ04

●スリグガ、矢動丸琴子、塚本隆男、岩崎　寛（2017）「病院における花畑の設置が患者に与える心理的効果について―フェイススケールを用いた検証―」『人間・植物関係学会雑誌』17巻別冊、pp.18-19.

第3章－カルテ01

●齋藤洋平・岩崎　寛（2007）「関節リウマチ患者に対する園芸療法の生理心理的効果に関する研究」『日本生理人類学会誌』12巻2号、pp.125-130.

第3章－カルテ02

●厚生労働省（2013）「平成25年度老人保健健康増進等事業 有料老人ホーム・サービス付き高齢者向け住宅に関する実態調査研究報告書」

●総務省（2016）「平成28年社会生活基本調査報告書」

●長澤亜季、岩崎　寛（2009）「都市の高齢者施設における屋上緑化空間の利用と施設管理担当者の意識に関する研究」『日本園芸療法学会雑誌』2巻別冊、pp.54-55.

●伊勢田直子、岩崎　寛（2010）「高齢者の身体能力レベルと園芸作業の難易度に関する研究」『日本園芸療法学会雑誌』3巻別冊、pp.26-27.

●伊勢田直子、本田ともみ、岩崎　寛（2012）「高齢者施設における園芸活動の特徴――他のアクティビティとの比較による考察」『日本園芸療法学会雑誌』５巻別冊、pp.66-67.

●半澤由加、伊勢田直子、岩崎　寛（2012）「高齢者施設における入居者への園芸活動が施設職員に与える影響」『日本園芸療法学会雑誌』５巻別冊、pp.62-63.

●半澤由加、岩崎　寛（2013）「高齢者施設における園芸活動が施設職員の意識に与える影響」『人間・植物関係学会雑誌』７巻別冊、pp.24-25.

第３章－カルテ03

●岡　直子、藤田水穂、野田勝二、大釜敏正、小宮山政敏、山本利江、永田亜希子、田中史子、根本敬子、渡辺　敏、西　育子、岩崎　寛（2011）「緩和ケア病棟における学際的チームによる園芸活動」『日本園芸療法学会雑誌』３巻、pp.5-11.

●岡　直子、三島孔明、岩崎　寛（2010）「ホスピス・緩和ケア病棟における園芸活動の現状――園芸療法導入への課題――」『日本園芸療法学会雑誌』２巻、pp.29-34.

第３章－カルテ04

●佐藤えり、岩崎　寛（2017）「精神科病院勤務者のストレス緩和を目的とした園芸活動の効果検証」『人間・植物関係学会雑誌』17巻別冊、pp.8-9.

第３章－カルテ05

●本田ともみ、岩崎　寛、広井良典、三島孔明、藤井英二郎（2007）「回復期の精神障害者に対する園芸作業の効果に関する研究」『人間・植物関係学会雑誌』７巻別冊、pp.28-29.

●本田ともみ、岩崎　寛（2009）「回復期の精神障害者に対する園芸活動の効果――活動実施前後における実施者および対象者の生理・心理的変化」『日本園芸療法学会雑誌』１巻、pp.23-27.

第４章－カルテ01

●岩崎　寛（2018）「『訪問園芸』という新たなケアのかたちを探る：訪問看護と園芸療法の融合」『訪問看護と介護』23巻６号、pp.432-438.

●本田ともみ、岩崎　寛、三島孔明（2013）「農学系学生による高齢者宅への訪問園芸活動の実施とその評価」『食と緑の科学』67号、pp.49-56.

第４章－カルテ02

●岩崎　寛（2008）「ドイツにおける森林を利用した運動療法の取り組み」『第119回日本森林学会大会要旨集』P1b05.

●岩崎　寛、山本　聡、渡邊幹夫（2004）「都市緑化樹木の揮発成分によるストレス緩和作用――クスノキを用いた実験」『AROMA RESEARCH』5巻4号、pp.386-390.

第4章－カルテ03

●増田悠希、岩崎　寛（2011）「緑地におけるウォーキングの心理的効果に関する基礎的研究」『日本緑化工学会誌』37巻1号、pp.249-252.

●岩崎　寛（2020）「心と体にやさしい園芸療法・第1回じつは運動にもなる園芸」『NHK趣味の園芸』2020年5月号、pp.106-107.

第4章－カルテ04

●岩崎　寛（2021）「健康・福祉の視点を取り入れた公園緑地の方向性」『公園緑地』81巻4号、pp.9-12.

第4章－カルテ05

●市東実里、古賀和子、西廣　淳、岩崎　寛（2017）「都市緑地における自然観察プログラムと健康プログラムの連携実施が参加者の意識や心理に与える影響」『日本緑化工学会誌』43巻1号、pp.267-270.

第4章－カルテ06

●松本海成、水野妙子、岩崎　寛（2021）「都立公園におけるハーブの導入および健康効果を活かしたプログラムの実施に関する研究」『日本造園学会関東支部大会概要集／事例・研究報告集』39巻、p.108.

第4章－カルテ07

●末永和也、岩崎　寛（2014）「高速道路休憩施設の緑地に対する利用者の意識と利用の現状に関する研究――市原サービスエリアを事例として」『日本緑化工学会誌』40巻1号、pp.257-260.

●岩崎　寛、牛田圭亮（2018）「高速道路休憩施設の緑地空間に対する地域住民の利用と意識に関する調査」『日本緑化工学会誌』44巻1号、pp.155-158.

●岩崎　寛、山本　聡（2007）「高速道路休養施設における緑地空間が利用者のストレス緩和に与える効果に関する研究」『日本緑化工学会誌』33巻1号、pp.255-257.

岩崎　寛

（いわさき ゆたか）

千葉大学大学院園芸学研究院教授。

京都市出身。京都府立大学農学部卒業、岡山大学大学院修了
博士（農学）。
日本学術振興会特別研究員、姫路工業大学（現：兵庫県立大学）・兵庫県立淡路景観園芸学校を経て2005年より千葉大学に勤務。
専門は緑地福祉学、環境健康学。人と植物とのより良い関係について、緑地や植物からの視点だけでなく、医学、看護学、工学、心理学等さまざまな視点から研究を進めている。具体的には、園芸療法やアロマセラピー、ガーデンセラピー、森林療法等「緑の療法的効果」に関する研究と、それらを実践する場である病院など「医療福祉機関における緑のあり方」、地域住民の健康に寄与する「緑による地域ケア」に関する研究を行っている。
日本園芸療法学会認定　上級園芸療法士、日本緑化工学会副会長、人間・植物関係学会理事、日本園芸療法学会理事、（一社）日本ガーデンセラピー協会理事。

みどりの処方箋
―ヒーリング時代の緑の使い方―

2023年10月1日 第1刷発行

著　者	岩崎　寛
発行者	岡本晴雄
発行所	株式会社グリーン情報 〒451-0045　名古屋市西区名駅2-25-10 ヤマエイビル4F 電話 052-571-2200㈹　ファックス 052-571-2208 https://green-information.jp/
編　集	加藤優花
デザイン	久保　徹
イラスト	フィリケえつこ
印刷・製本	株式会社シナノパブリッシングプレス

乱丁・落丁は送料小社負担にてお取り替えいたします。

148×210㎜ ／ ISBN978-4-907682-20-0 C3040